80 多个有趣的科学故事

100 多位科学大师

150 千生动文字

和 300 多幅精美图片

构筑成一座异彩纷呈的世界科学博物馆

轻松的故事引领你步入神圣的科学殿堂，开始一段愉快的读书之旅

世界 5000 年

科学故事

王焰　魏志敏　编著

光明日报出版社

图书在版编目（CIP）数据

世界 5000 年科学故事 / 王焰，魏志敏编著 .—2 版 .—北京：光明日报出版社，2005.8（2025.1 重印）

ISBN 978-7-80145-988-6

Ⅰ.世… Ⅱ.①魏…②王… Ⅲ.自然科学史－世界－普及读物 Ⅳ.N091-49

中国国家版本馆 CIP 数据核字 (2005) 第 093836 号

世界 5000 年科学故事

SHIJIE 5000 NIAN KEXUE GUSHI

编　　著：王　焰　魏志敏

责任编辑：李　娟　　　　　　　　　责任校对：徐为正

封面设计：玥婷设计　　　　　　　　封面印制：曹　净

出版发行：光明日报出版社

地　　址：北京市西城区永安路 106 号，100050

电　　话：010-63169890（咨询），010-63131930（邮购）

传　　真：010-63131930

网　　址：http://book.gmw.cn

E – mail：gmrbcbs@gmw.cn

法律顾问：北京市兰台律师事务所龚柳方律师

印　　刷：三河市嵩川印刷有限公司

装　　订：三河市嵩川印刷有限公司

本书如有破损、缺页、装订错误，请与本社联系调换，电话：010-63131930

开　　本：170mm×240mm

字　　数：150 千字　　　　　　　　印　　张：12

版　　次：2010 年 1 月第 2 版　　　　印　　次：2025 年 1 月第 4 次印刷

书　　号：ISBN 978-7-80145-988-6

定　　价：33.80 元

前言

Five Thousand Years of World Scientific Stories

　　过去的5000年虽然在整个人类历史上只是短暂的一瞬，但它却是一个充满惊人变革、探索、发现和发明创造的5000年。为了让读者轻松地了解世界科学发展变化的总体脉络，我们组织编写了这部《世界5000年科学故事》，它具有以下特点：

　　一、采用故事的形式讲述过去5000年世界科学发展变化的历史，编者精心挑选近100个科学故事，内容涉及对人类具有重大影响的科学大发现、科技大发明、科学家等，以时间为线索，用轻松活泼的语言文字将其连缀成一部完整的世界科学发展史。它深入浅出、通俗易懂，可以说是融知识性、趣味性和艺术性于一体。

　　二、将版式设计和体例巧妙地结合起来，开辟"科学家小传"，"科学小知识"等一些辅助栏目，对世界科学发展史上较有影响的科学家、科学大事件、科技大发现和大发明等做全面系统的介绍，以加强知识的深度和广度。力图用较小的篇幅清晰而完整地阐述世界科学发展变化的基本概况。

　　三、精选300多幅与文字内容相契合的精美图片，包括科学家的画像、著名的科技著作书影、科技发明成果、科学实验以及我们根据文章内容精心绘制的插图等，相信它能直观地反映世界科学发展的全貌，拉近读者与科学的距离。

　　四、在版式设计上，注重科技知识的文化底蕴，将其与现代设计手法有机结合，努力为读者营造一个轻松的阅读氛围，使读者走近科学，近距离感受科学与人类生活的密切关系，使读者获得广阔的文化视野和审美感受。

　　本书无论在体例的编排还是整体的设计上，都注重人文色彩和艺术理念的有机结合，全力打造一个具有丰富文化内涵和信息的阅读空间。《世界5000年科学故事》将如实地记述过去5000年里科学发展的精彩时刻，让读者开始一段愉快的读书之旅。

世界 5000 年科学故事

目录

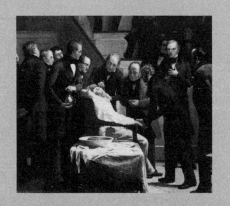

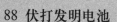

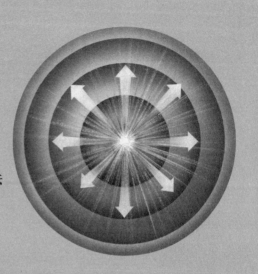

世界 5000 年科学故事

目录

专题

最早的
The earliest solar calendar
太阳历

世界上曾经流行过的几种历法，它包括：中国的授时历、欧洲古历法、希腊古历法、巴比伦古历法等。中国古历法根据月亮的圆缺和运行的周期来确定；欧洲的古历法是根据天空中星象的变化来确定的；希腊的古历法也是根据星象的变化来确定的；古巴比伦的历法是根据星象和两河河水的涨落来确定的。在这些历法中一年天数最少的是 354 天，最多的是 384 天。

一提起埃及，大家会不约而同地想起金字塔，这没错！金字塔已成为今天埃及的象征，但埃及作为四大文明古国之一，其重要的文明成果还有太阳历。

古埃及的太阳历是人类历史上最早的历法，约在公元前 4000 年前就已出现，这跟尼罗河的定期泛滥关系密切。从某种意义讲，甚至可以说尼罗河的定期泛滥催生了太阳历，所以在这里有必要交代一下尼罗河的情况。

尼罗河，是上源青尼罗河、白尼罗河两条尼罗河在苏丹首都喀土穆汇合后的正式称谓。它全长 6700 千米，堪称世界上最长的河流，它流经坦桑尼亚、卢旺达、乌干达、肯尼亚、埃塞俄比亚、

描绘古埃及控制洪水的泥版画

古埃及人根据天狼星的位移和尼罗河河水的涨落情况来确定季节，进而在此基础上确立了历法。这种历法后来就演变成了太阳历。

苏丹和埃及等 10 个国家，最后向北注入地中海。尼罗河主宰着它流经国家的命运，离开了它的滋润，这里的文明将灰飞烟灭。但由于尼罗河水流缓慢，泥沙不断沉积使河床持续填高，致使多次泛滥成灾，但河水退后，又留给当地人大片沃土。因此，古埃及人需找到其中的规律以趋利避害。

经过长期观测，古埃及人逐步发现尼罗河泛滥的规律，当它开始开始泛滥时，清晨的天狼星正好位于地平线上。这一点天文学上称为"偕日升"，即与太阳同时升起，于是这一天便被设定为一年的第一天。不巧的是，天狼星偕日升的周期并没有很快被发现，智慧的古埃及人也没有放弃，经过几代人的不懈努力，他们终于发现：天狼星偕日升那天与其 120 周年后那一天恰好相差一个月，而到了第 1461 年，偕日升那天又重新成为一年的开始。于是古埃及人设定 1460 年的周期为天狗周（因为他们的神话中称天狼星为天狗）。

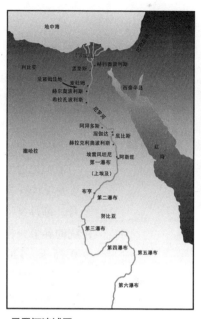

尼罗河流域图
尼罗河流域是人类文明的发祥地之一，古埃及人在这里创造了辉煌的古代文明。

何为"回归年"

回归年就是太阳绕天球的黄道一周的时间,所以又称为太阳年。回归年是比较常用的年长单位,它的准确定义为,太阳中心从春分点到下一个春分点所经历的时间间隔。这是因为地球上的观察者由于地球绕太阳的公转而产生了太阳在天球上运行的现象,在太阳二次经过春分点的间隔内,地球正好绕日一周,是为一年。一回归年平均的长度为365.24220日,折合365日5时48分46.08秒,现在使用的历法就是以回归年作为基本计量年长的单位。

另外,由于一个回归年的12等份——30.4368日近于两个朔望月时间长度之和,阳历也把一年分成12月,但这里的"月"已与朔望没什么内在联系。

我们把古埃及的太阳历与当前的公历做一个简单的对比,就不难发现其科学性:一年的天数为365天,继而把一年划分为12个月,每月30天,末了还剩5天则作为宗教节日,就如同我们传统的春节一样也是5天,这比精确的一回归年(365.25天)仅少0.25天,120年后少30天,1460年后就会少365天,又接近一年,如此便形成一个完整的周期。这样精妙的历法凝结着无数古埃及先民的智慧。

在古埃及,人们运用大量的时间进行天象的观测,特别是对天狼星位置的观测更加细致入微。他们发现,在固定的时间里,天狼星从天空消失,在太阳再次出现在同一位置时,它又从东方的天空升起,这就是一个周年。同时,古埃及人把天狼星比太阳早升起的那一天定为元旦。

古埃及人创制的太阳历对尼罗河流域的农业生产有着深远的影响,这也是古埃及跻身世界四大文明古国的重要标志。正是有了这样一部较为完备的历法作指导,古埃及的先民才得以准确预测尼罗河水涨落,合理安排农时,做到趋利避害,获得一年又一年的大丰收,从而具备了稳定的衣食之源。在这个物质基础上,古埃及才得以在宗教、建筑和医学等领域创造更加辉煌灿烂的文明成果。

两种历法的比较

从这张表可以看出古埃及的太阳历是比较科学的,它与现行的历法大致相同,这样极为有利于农业生产。

月份 \ 天数 \ 名称	古埃及太阳历	现代公历
1	30	31
2	30	28(闰年29)
3	30	31
4	30	30
5	30	31
6	30	30
7	30	31
8	30	31
9	30	30
10	30	31
11	30	30
12	30	31
宗教节日	5	
合计	365	365(闰年366)

P 胡夫
yrami'd of Khufu
金字塔

　　蓝天白云映衬下的尼罗河，缓缓北去，漫漫的黄沙之中矗立着一座座高耸入云的金字塔，其中最为著名的是胡夫金字塔。

　　胡夫金字塔，也称大金字塔，位于埃及首都开罗西南约 10 千米的吉萨高地，它是世界上规模最为宏大，也是较为古老的金字塔，始建于埃及第四王朝第二个法老胡夫统治时期，被认为是胡夫为自己建造的陵墓，根据古埃及宗教理论：只要保护好尸体，人死之后灵魂可以继续存在，3000 年以后就会在极乐世界复活并从此获得永生。这与佛教理论中的轮回转世有着异曲同工之妙。

胡夫金字塔

它原高 146.5 米，由于风雨侵蚀等原因，现高 136.5 米，每边长 230.37 米，每个斜面的倾角是 51° 50′ 40″。

有鉴于此，古埃及的每位法老便从登基之日起，便着手为自己修建陵墓，以求死后超度为神，胡夫统治时期正逢古埃及盛世，因此他的陵墓规模也空前绝后。

胡夫金字塔原高 146.5 米，后因顶端受到侵蚀，现在的高度为 136.5 米，大致相当于 40 层楼房那么高。在 1889 年法国巴黎的埃菲尔铁塔建成前，它一直是世界最高的建筑，整个塔身呈正四棱锥形，底面为正方形，占地 5 公顷，四个斜面分别对着东、西、南、北四个方位，误差不超过圆弧的 3 分，底边原长 230.35 米，由于年深月久的侵蚀，塔身外层石灰石存在一定程度上的脱落，

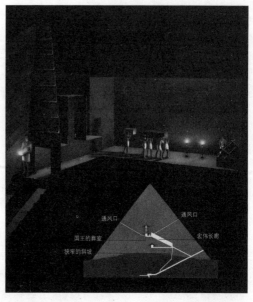

目前底边缩短为 227 米，倾斜角度为 51 度 52 分。胡夫金字塔通身由近 230 万块巨石砌成，每块石头重量在 5 吨至 160 吨之间，石块的接合面经过认真打磨，表面光滑，角度异常准确，以至于石块间都不用任何黏合物，全部依靠自然拼接，在没有被风蚀、破坏的地方，石缝中连薄薄的刀片也难以插入，可以想见其工艺之精湛。

胡夫金字塔的入口在其北侧面，距地面 18 米，从入口通过甬道可以深入神秘的地下宫殿，该甬道与地平线呈 30 度夹角，与北极星相对。由此可见，北极星在古埃及人的心目中有着某种特殊的意义。沿甬道上行则能到达国王殡室，殡室长 10.43 米，宽 5.21 米，高 5.82 米，与地面的垂直距离为 42.82 米，墓室中仅存一具红色花岗岩石棺，

胡夫金字塔内部示意图
这张图表明法老墓室的修建经过了三个方案，一开始，工匠们开凿了一段通向地下室的通道。然后，他们又改变了计划，开凿了一段向上的通道，之后又开始修建第二个墓室。但是，未等竣工，胡夫又下令实施了一个更大的方案，即把向上的通道延长，并扩展为宏伟的走廊，由走廊进入国王巨大的墓室。墓室上还用花岗石围成了山型墙，使其更加坚固。

奇妙的金字塔能

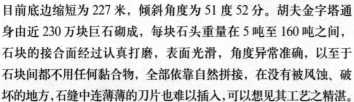

何为"金字塔能"？它是金字塔形的构造物内部产生的一种特殊的能量，人们借助这种能量可以收到意想不到的奇妙效果。

其一，金字塔能具有保鲜的功能，如将一杯新鲜奶酪放进金字塔，两天以后依然鲜美如初；若将一把锈迹斑斑的钥匙放进金字塔，时隔不久，就会亮光闪烁。

其二，金字塔拥有自动制造"木乃伊"的功能，法国人安乐尼·博维于 1930 年前往埃及进入"国王墓室"，不经意发现误入金字塔的猫和老鼠的尸体，潮湿的墓室环境并未使这些尸体腐烂——它们已然干透，成为新的木乃伊了。

其三，金字塔的空间形态可以使该空间内的自然、化学、生物进程发生变化，捷克斯洛伐克放射专家卡尔·德鲍尔经过实验得出这一结论。一次，他将一把刮胡刀放在金字塔模型中，满以为它将变钝，结果却相反，刀片由此变得更锋利。之后他又用这把刀片刮了 50 次胡子。

别无他物，这也正是后来某些考古学家怀疑金字塔不是作为法老陵墓的一个重要论据。

根据古希腊历史学家希罗多德等人估计，法老胡夫至少动用了10万奴隶，耗时20～30年时间建造完成。但最新的权威考古学家发现：金字塔应由劳工建造而非奴隶，其主体部分为贫民和工匠，而且采用轮流工作制，工期约为3个月。因为考古人员在金字塔附近地区发现了建造者们的集体宿舍等生活设施的遗迹和墓地，以及大量用于测算、加工石料的工具（作为随葬品），而奴隶是不会享受此种待遇的。

胡夫金字塔、哈夫拉金字塔和门卡乌拉金字塔在吉萨高地一

字排开，组成灰黄色的金字塔群。这些单纯、高大、厚重的巨大四棱锥体高傲地屹立在浩瀚的沙海中，向世人夸耀着古埃及人的智慧和伟大。其旁边更有气势磅礴的狮身人面像相伴，高约20米，长约46米。狮子在古埃及人眼中是力量与神圣不可侵犯的象征，所以法老才选择它为自己守陵，它也确实忠于职守，一守就是4000多年，期间从来没有擅离职守。

古埃及人建造金字塔想象图
古埃及人建造金字塔除了主要使用人力外，还借助杠杆、绳索和滑轮等极为简单的工具作为辅助手段。

集巨大、精密、和谐为一体的金字塔留给人们的不仅仅是建筑史上的奇迹，更体现了古埃及劳动人民在天文星象学、数学、力学等领域的极高造诣。

腓尼基人
The Phoenicians launched navigation career
开创航海业

腓尼基人是一个相当古老的民族，生活在地中海东岸，大致相当于今天的黎巴嫩和叙利亚沿海一带，曾创造过高度的文明，在公元前10世纪至公元前8世纪达到了鼎盛。

腓尼基人航海图
大约从公元前10世纪开始，腓尼基人就使用自己制造的帆船从地中海东岸港口出发，开始了远航。他们将从亚洲带来的货物运送到地中海沿岸的各个港口，同当地人进行贸易。腓尼基人除了在地中海沿岸航行外，还穿过直布罗陀海峡，向南航行到南非海岸，向北最远航行到今天的英国一带。

历史上，腓尼基人开创了举世瞩目的航海业，这跟他们所处的地理环境有很大关系。腓尼基人居住的地方前面为浩瀚的大海，背靠高大的黎巴嫩山，没有适宜耕作的土地，这就注定了腓尼基人不能成为农耕民族。他们转而发展起了手工业，制造出精美的玻璃花瓶、珠宝饰物、金属器皿及各种武器等。这些手工制品与异域民族产品的交易需要腓尼基人在汹涌澎湃的大海上闯出一条生路。

于是勇敢的腓尼基人驾驶自制的船只向茫茫的地中海开进了。据说，腓尼基人从埃及人和苏美尔人那里学到精湛的造船工艺。这种船船身狭长，前端高高翘起，中部建有交叉的桅杆，两侧设双层樯橹，通体看起来轻巧、结实。该船主要靠船桨划行，有时拉起风帆，可同时搭载3～6人。大概由8到10只船组成一支船队。英国大不列颠博物馆珍藏的一幅反映腓尼基船队航海盛况的浮雕，栩栩如生地刻画了腓尼基人的航海特色。

腓尼基人凭借高超的造船技术和娴熟的驾船技巧，怀着无比坚定的决心，曾经航行到地中海的每一个港口，同当地的居民做各种

港口贸易

腓尼基人在地中海各个港口与当地人进行以物换物的贸易。

各样的交易。腓尼基人自产的一种绛紫色染料有着很好的销路，以至于古希腊人称腓尼基为"绛紫色的国度"。根据后来史学家考证发现，腓尼基商人不仅航行在地中海，他们的商船队也曾经一度穿过直布罗陀海峡，进入波涛汹涌的大西洋，至今该海峡还有以腓尼基神名命名的坐标——美尔卡不塔坐标。腓尼基人由此向北直达今法国的大西洋海岸和英国的不列颠群岛；向南侧一直航行到非洲南端的好望角，一说他们曾环绕了整个非洲航行。

在北非，至今流传这样一个故事：古埃及的法老尼科召见几位腓尼基航海勇士时说："你们腓尼基人自称最善于远航，真是如此吗？你们要说'是'，那么现在你们就进行航行，从埃及出发，沿海岸线一直向前，要保证海岸总在船的左侧，最后回到埃及来见我。到时候我有重赏，如果你们觉得做不到，就实说，我也不惩罚你们，只是以后不要妄自吹嘘善远航了。"法老深知这需开辟新航道，要冒很大风险，觉得腓尼基人不会真的去做，没想到这些腓尼基人慨然领诺，接受挑战，而且很快组织起

玻璃的发现

相传，玻璃是由古代腓尼基商人偶然发现的。一次，一支腓尼基船队在运输天然碱途中遇大风浪，只得靠岸。这些商人便从船上搬下一些碱块在沙滩上砌灶做饭。第二天，海上已经是风平浪静。正当他们收拾好锅灶上船起锚之时，忽然发现岸上有许多珍珠一样闪闪发光的东西，这便是世界上最早的玻璃。

一支船队出发了。3年过去了，他们杳无音讯，法老以为这几个狂妄的腓尼基人早已葬身鱼腹。万没料到3年后的一天，这几个腓尼基人真的回到了埃及。开始尼科不相信他们，但他们一五一十地向法老讲了沿途见闻，还献上收集到的奇珍异宝，最后法老终于折服了。

腓尼基字母

据说，一个名叫卡德穆斯的腓尼基工匠，一次在别人家干活忘记了带一件工具，便拿起块木板，用刀在上面刻画些什么，吩咐奴隶送给家中的妻子。卡德穆斯妻子看完木片，二话没说就交给奴隶一件工具。原来卡德穆斯在木片上划下的便是第一个腓尼基字母。久而久之，腓尼基文字便逐步传播开来。

腓尼基字母比当时的象形、楔形文字更实用，因为它在象形文字和楔形文字外形基础上抽象出一系列简单的符号，组成22个字母。腓尼基字母是今天欧洲诸多文字的共同祖先。

腓尼基人的环非洲航行，堪称人类航海史上的第一次壮举。当时欧洲流行的说法是：大西洋就是世界的尽头，没有人能穿越直布罗陀海峡。但伟大的腓尼基航海勇士却跨越地中海，北抵英吉利，南达南非，进入印度洋。腓尼人无愧于世界航海业开拓者的称号。

腓尼基人的航海取得了丰硕的成果，具有十分重要的历史意义。首先为其自己建立了海上霸权，垄断了航路和贸易。他们在地中海沿岸建立一系列商站殖民地，其中很多商站发展成了著名商城，进而成为强大的城邦国家，如北非的迦太基（今突尼斯），就曾一度威胁过罗马人。其次，腓尼基人的远航为后来的世界航海提供了第一手航海资料和宝贵的经验，同时扩大了世界各地经济、文化交流，加强了联系。

郑和下西洋

在中国，远海航行开始的也很早。最著名的是15世纪初的郑和远洋航行。从1405年～1433年，郑和先后7次远洋航行。他率领着船队从今天的南京出发，向南航行。先后到达了东南亚、南亚、西亚和非洲东海岸。郑和开创了人类历史上远洋航行的壮举，他比欧洲人的远洋航行早了半个多世纪。

泰勒斯
Thales predicted total solar eclipse
预言日全食

泰勒斯(Thales)，古希腊哲学家、数学家和天文学家，生活在公元前7世纪和公元前6世纪之间。他出身于小亚细亚的米利都城的奴隶主贵族家庭，泰勒斯不为显赫的地位、富足的生活

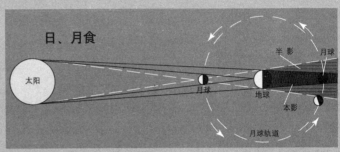

日、月食

太阳　月球　半影　月球　地球　本影　月球轨道

所诱惑，全身心地投入到哲学和科学的研究之中，终于成为一位科学泰斗。其在天文学、数学、哲学等领域都取得了骄人的成就，但最令后人称道的还是其对于公元前585年5月28日日全食的预言。

当时的情况是：吕底亚王国与西进的米底王国（占有今天伊朗的大部）发生矛盾，双方的部队在哈吕斯河流域进行了殊死的战斗，但战争一直持续了5年，仍未决出高下。双方谁也没有罢手的意思，但两国的人民却因此陷入了痛苦的深渊。考虑到人民的疾苦，贵族出身的科学家泰勒斯决定凭借自己的智慧拯救黎民于水火。泰勒斯经过缜密地观测与推算，认定公元前585年5月28日这天哈吕斯河一带会出现日全食的天象奇观。他到处散布流言，说日食是上天反对人间战乱的警示。但没有人会把这位文弱书生的话放在心上，只不过权且当作茶余饭后的谈资罢了，根本不相信会发生什么日食。战争依旧如火如荼地进行着，但始料不及的是：公元前585年5月28日这一天，正当两国的精锐部队酣战之时，天色骤然暗了下来，最后竟然与黑夜无二，交战的人马不胜惊惧，人们又想起市井上的流言，真以为神人嗔怒要降灾祸于人间，于是迅速撤出战斗，化干戈为玉帛，重新言归于好，并且以联姻的方式巩固了和平成果。从此，泰勒斯声名鹊起，受到人们的景仰和爱戴，被称为不朽的科学家。同时，

日食与日、月、地的关系

根据现代科学观察得知：一年之中，食最少发生两次，而且均为日食。最多会发生7次：5次日食，2次月食。最近一次发生7次食的年份是1935年，而下一次则是2160年。当食发生时，太阳、月亮和地球三者必须在同一平面上。换而言之，当日食发生时，月球的本影锥必须投射在地球表面上，若三者恒在同一平面时，日食一定发生在每个朔日

人们也百思不得其解。泰勒斯是如何预测到这次日食的呢？

原来，泰勒斯研究过迦勒底人的沙罗周期，一个沙罗周期为6585.321124日或18年又11日，约为223个朔望月。既然日、月和地球的运行都是有规律的，那么日月食的发生也就存在一定的规律性。具体而言，日食一定发生在朔月，18年11日之后日、地、月又基本回到原来的位置上，这时极有可能再次发生日食，而对天文学熟悉的泰勒斯当然知道公元前603年5月18日有过日食。由此推算出公元前585年5月28日的日食便在情理之中了。

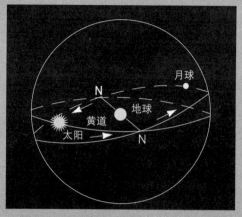

月球轨道交界面

除了天文学，泰勒斯在数学和哲学方面也都取得了有令人振奋的成就，如在平面几何方面，我们所熟知的"直径平分圆周"、"三角形两等边对应等角"、"两条直线相交对顶角相等"、"两角及其夹边已知的三角形完全确定"等基本定理均由泰勒斯论证并进一步归纳整理，应用到实践生活中。比如，他曾以一根标杆测出金字塔的高度。

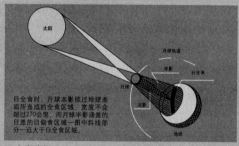

日全食时，月球本影掠过地球表面所造成的全食区域，宽度不会超过270公里，而月球半影涵盖的日盖的日偏食区域一图中斜线部分一远大于日全食区域。

日全食路径

在哲学上泰勒斯提出了唯物主义的世界观："水是万物之源，万物终归于水"，从而否定神创世界观，开创了由世界自身出发去认识世界的本来面目的先河。这对于后世的唯物主义世界观体系的形成具有一定引导意义。

泰勒斯测量金字塔的高度

泰勒斯生活的年代，埃及的大金字塔已建成1000多年，但它的确切高度仍旧是一个谜。许多人做过努力，但均以失败而告终。

后来，人们听说泰勒斯很有学问，但只闻其名，未见其实。何不借此机会试探一下他的能力，法老也是这么想。泰勒斯慨然应允，但提出要选择一个阳光明媚的日子，而且法老必须在场。这一天，法老如约而至，金字塔周围也聚集了不少围观者。泰勒斯站在空地上，他的影子投在地面。每隔一段时间，他就让人测量他影子的长度，并记录在案。当测量值等于他的身高时，他命人立即在大金字塔的投影处做好标记，之后再测量金字塔底部到投影标记的距离。这样，他不费吹灰之力就得到了金字塔确切的高度。

在法老和众人一再请求下，他向大家讲解了从"影长等于身长"推到"塔影等于塔高"的原理。其实他用的就是相似三角形定理。

古巴比伦城和
The ancient Babylon
空中花园

巴比伦城，曾是两河文明的象征，也是两河文明的发源地。城中的空中花园，更是令人叹为观止。

巴比伦城位于美索不达米亚平原中部，依幼发拉底河而建，位于今天的伊拉克首都巴格达以南约 90 千米的地方。它始建于公元前 3000 年，是古巴比伦王国的政治、经济中心，是当时的军事要塞。幼发拉底河穿城而过，为城市居民提供了水源和天然的城防屏障。

古巴比伦城总体呈正方形，边长达 4 千米，总占地超过 8.5 平方千米，该城有一条长达 18 千米、高约为 3 米的城墙。城墙之间由沟堑相接，并设置 300 余座塔楼（每隔 44 米就有一座）以增强防御效果。古巴比伦的城墙还有一个鲜明的特色，它分为

古巴比伦的伊什塔尔门
这座门上所用的装饰龙是用来象征巴比伦的至神马尔杜克的，装饰牛则是闪电之神阿达佳的象征。

内外两重。其中外城墙又分为三重，厚度不均，在 3.3 至 7.8 米之间。同时上面建有类似中国长城垛口的战垛，以方便隐蔽射箭。内城墙分为两层，两层中间设有壕沟。巴比伦城也有护城河，它在内、外城之间，河面最宽处达 80 米，最窄的地方也不下 20 米。一旦被敌攻破外城墙进入两城墙的中间地带时，它可以掘开幼发拉底河的一处堤坝，放水淹没这一地带，让敌人成为名副其实的"城"中之鳖。古巴比伦城真可谓固若金汤。

古巴比伦还有著名的伊什塔尔门和"圣道"。伊什塔尔门是该城的北门，以掌管战争的女神伊什塔尔的名字命名。其门框、横梁和门板都是纯铜浇铸而成，是货真价实的铜墙铁壁。这座城门高可达 12 米，门墙和塔楼上嵌有色彩艳丽的琉璃瓦。整座城门显得雄伟、端庄，而且华丽、辉煌。从伊什塔尔门进去，便是贯穿南北的中央大道——圣道。由于它是供宗教游行专用的，故而得名。整条圣道由一米见方的石板铺砌而成，中央部分为白色和玫瑰色相间排布而成，两侧为红色，石板上刻有宗教铭文。圣道两旁的墙壁上饰有白色、黄色的狮子像。

古巴比伦科学家在研究星空

古巴比伦的科学技术十分发达。古巴比伦人精通天文学，他们研究恒星和行星的运动规律，试图发现它们的位置与地球之间的关系。他们认为：地球是个扁平的圆盘，悬挂在太空中，为空气所包围。通过观察天相，古巴比伦人将一天定为 24 小时，每小时 60 分，每分钟 60 秒，这一方法一直沿用到现在。

巴比伦城中最杰出的建筑还当属空中花园，世人称之为世界七大奇观之一。关于花园的修建还有一段动人的故事。

相传，在公元前 604 年～公元前 562 年间，古巴比伦国王尼布甲尼撒二世在位之初娶了米堤亚公主赛米拉斯。由于两国是世交，二人的婚姻是双方的父亲定下的。在今天看来，有包办之嫌。尽管如此，新娘赛米拉斯对尼布甲尼撒印象也不错，只是巴比伦这个鬼地方令她生厌，因为美索不达米亚平原黄土遍

苏美尔人的科学成就

　　公元前 4000 年到公元前 2250 年之间，两河流域进入了盛世，《旧约全书》称其为"希纳国"（Land of Shinar）。两河沿岸因河水泛滥而积淀成肥沃土壤，史称"肥沃的新月地带"。单就这一点看，有点像尼罗河。但由于两河（幼发拉底河与底格里斯河）不像尼罗河一样是定期泛滥的，所以确定时间就必须靠观测天象。住在下游的苏美尔人发明了太阴历，即以月亮的圆缺作为计时标准。他们把一年划分为 12 个月，共 354 天，并发明置闰的方法，以解决与太阳历相差 11 天的问题；同时把一小时分成 60 分，以 7 天为一星期。数学方面，他们还会分数、加减乘除四则运算和解一元二次方程，发明了 10 进位法和 16 进位法；把圆分为 360 度，并知道 π 近似于 3。苏美人甚至会计算不规则多边形的面积及一些锥体的体积。

地、沙尘满天，天气还经常酷热难耐。而她的家乡，却是山清水秀，鸟语花香，还拥有郁郁葱葱的森林，且气候宜人。久而久之，王后思乡成病，终日愁苦，一度甚至饮食俱废，花容月貌的王后很快憔悴不堪。为治愈王后的这块"心病"，尼布甲尼撒下令建造空中花园。园中的景致均仿照公主的故乡而建。今天的空中花园遗址位于伊拉克首都巴格达西南 90 千米处，由一层一层的平台组成，从台基到顶部逐渐变小。上面种满各种鲜花和林木，其间点缀有亭台、楼阁，最难得的是在 20 多米高的梯形结构的平台上还有溪流和瀑布，来此参观的人们无不啧啧称奇。

　　人们百思不得其解的是空中花园的供水系统和防渗漏系统，因为园中的植物和泉流飞瀑都需要水，而且用量还很大。就算让奴隶们不停地推动抽水装置，把水抽到花园最高处类似水塔的装置中，再顺人工河流流淌，那将需要多少奴隶呢？又得多大的抽水装置呢？即便这些条件都满足了，水流下后势必危及花园的地基，那时的尼布甲尼撒陛下又是如何应对的呢？这真是一个千古之谜。

古巴比伦空中花园
这是后来人们根据文献记载而描绘出的巴比伦空中花园的大致模样。从中我们可以看出：它的确是一座宏伟的建筑，堪称当时的世界奇迹之一。

德谟克利特
Democritus put forward Atomic Theory
提出原子理论

德谟克利特(Democritus)，古希腊哲学家，出生于色斯雷的阿布德拉，是古希腊朴素原子论的集大成者。需要指出的是，这里谈到的原子论与现代科学原子论不同，它只是哲学层面上的原子论。

德谟克利特小时候就对自然科学发生了浓厚的兴趣，热衷于学习和思考。他曾经师从波斯术士和星象家，初步了解了一些神学、天文学知识。在这一阶段，他还注意培养自己的自制力和想象力。

德谟克利特成年以后，先后游历埃及、巴比伦、印度和雅典等文明中心，学习哲学、数学和水利等。及至他回到家乡阿布德拉时已经有很高的学问，并被公推为该城的执政官。但即便在从政期间他也从未丢下对哲学、自然科学的研究工作。

德谟克利特在原子论领域做出的贡献离不开其恩师留基伯的引导和教诲。正如牛顿所说，只有站在巨人的肩膀上，你才能看得更远，取得更大的成就。德谟克利特完全继承了老师的原子学说，认为原子从来就存在于虚空之中，无始无终；原子

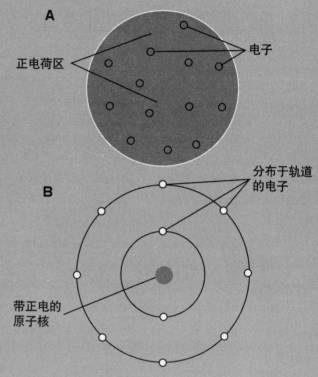

A

电子

正电荷区

B

分布于轨道的电子

带正电的原子核

早期的原子模型图
早期的欧洲科学家认为：原子由原子核和带电的电子构成。电子均匀地排列在以原子核为中心的圆形空间区域内。

扫码获取更多资源

和虚空构成了宇宙万物，原子本身是最小的、不可再分的物质粒子。"原子"一词在希腊语中的本意即为不可分割。这种观点在当时是很先进的，对后来的科学原子论的形成也有一定启发作用。

德谟克利特在继承老师的成果基础上，又进一步提出：原子虽不可分，用肉眼不能观测到，但在体积、形状、性状和位置排列的特征方面仍存在差异，他举例说水之所以能够流动，就因为水原子表面光滑，彼此之间易于滑动；而铁的形状非常稳定，则源于其原子表面凹凸不平，原子之间易于啮合而非常稳固。德谟克利特还从原子的角度解释了"生"与"死"。他说原子虽然不生不灭、不增不减，但它们所构成的化合物却由于原子的排列次序等不同而性质经常发生改变，从而使一种物质演变为另一种物质。于是人们由此产生了"生"与"死"的概念。这一点与事实基本吻合，体现德谟克利特的研究水平。

德谟克利特根据他的原子理论发展了天体演化学说。他认为在原始的宇宙旋涡运动中，质量较大的原子逐渐成为旋涡的中心，由于自身旋转而形成球状聚合体，如地球。同时质量较小的原子则围绕该中心旋转，宇宙空间的部分原子由于高速旋转而日趋干燥，最终燃烧形成恒星体。

德谟克利特理论的进步性还表现为：他否定了神的存在。他认为神是原始人由于自然知识贫乏，对自然现象解释不清而莫名恐惧才臆造出来的。他还解释说，所谓灵魂也是由原子构成的物体，一旦原子间的结合方式改变，这种物体也会消亡。

德谟克利特的原子论在当时看来虽然先进，但与现代科学原子论仍有着质的差别。它只能算是哲学领域的原子理论，因为他

德谟克利特的认识论

德谟克利特本身作为一个哲学家，他同样关注认识论问题，不过他还是利用了原子论。他认为"影像"是由从事物中溢出的原子构成。这种所谓的影像作用于人的感官和心灵，感觉和思想由此产生，这看起来很是牵强。德谟克利特对于认识论的主要贡献在于区分了感性认识和理性认识。他把感性认识称之为"暧昧的认识"，而理性认识称为"真理的认识"。他认为感性认识是对原子本身性状的感知，而人们对周围事物不同颜色、形状的判断就是理性认识。由于原子本身没有质的差别，所以感性认识有必要上升为理性认识。这对于认识论的发展有着非凡的意义。

的结论产生于思维和直觉，而现代科学理论都建立在定量试验和严密的数学推理的基础上。同时他一直认为原子不可再分，与事实不符，这不能不说是一个遗憾。不过在他生活的时代，能达到这样的认识水平已属难能可贵。

德谟克利特一生的研究涉猎天文、地理、生物、物理、数学、逻辑等诸多领域，并且有许多创见和专著。马克思称之为"古希腊第一个百科全书式的学者"。

亚里士多德的《物理学》

亚里士多德在物理方面的成就多体现在《物理学》一书中，这部书主要从三个方面讨论了事物的运动问题。第一，运动的本质、种类和形式，运动的本质就是运动物体潜能的实现，潜在的能力得以实现即为运动。运动的形式可分为两种：环形运动与直线运动。第二，运动的条件：地点与时间，任何事物的运动总是在一定的时间和地点中进行的，所以地点和时间是运动的必要条件。第三，运动与运动者，亚里士多德认为一切运动的物体必然被某物所运动，要么被自身的运动本原所运动，要么被他物所运动。

亚里士多德
古希腊最伟大的哲学家和思想家。他提出的一系列理论在欧洲流行了近 2000 年。

博学的
Erudite Aristotle
亚里士多得

亚里士多得（前 384 ～前 322）出生在希腊的沿海地区，后移居雅典，在那里师从哲学大师柏拉图。这为其日后在多个领域取得成就奠定了雄厚的基础。

亚里士多德是伟大的哲学家、科学家和教育家，在哲学、政治学、教育学、逻辑学、生物学、医学、天文学、物理学都有所创见。他在哲学方面著有《形而上学》一书。在书中他提出了著名的"四因说"，即构成事物的要素必须包括四个方面：质料因、形式因、动力因和目的因。质料因是形成的基本物质，形式因是物质存在的形式，动力因是物质存在的原因和作用，目的因则为设计物体所要达到的目的。四种因素搞清楚了，人们对物体也便有了清晰的认识。

除了哲学，亚里士多德对科学也有许多独到的见解。在天文学方面，他相信地心说。同时，他认为地球和其他天体由不同物质构成，前者由水、气、火、土组成，而其他天体则是由"以太"构成。在物理方面，他否定了原子论，更不相信有什么虚空；在生物学方面，得益于他的学生亚历山大大帝的帮助，亚历山大带兵远征各地的时候经常为他带回各种动植物的标本供他研究。亚里士多德亲自解剖过 50 多种动物，以了解它们的生理构造。而且亚里士多德还对动植物进行了初步分类，当时他区分的种类已达500 多种，为后来生物学发展起到了积极的引导作用。

亚里士多德经过不懈努力，做出一些创造性的发现：如鲸不是鱼，它是胎生。他还关注过遗传学方面的问题，提出："黑白两个不同肤色的人结婚以后，其子女是白皮肤的，但再过一代这些孙子孙女中又会出现了黑皮肤的人。这种隔代遗传是怎么一回事呢？"这个伟大的问题虽在2000多年前就已被提出，但直到19世纪，隐性基因才圆满回答了这一问题。

在教育方面，亚里士多德也堪称一代宗师。亚里士多德经过对儿童身心发展的充分考察，又结合自己的人性论、认识论等方面的成果，形成一套独立的教育思想。他认为人是通过灵魂来感觉和思考的，灵魂借助身体的各种感官感知外界事物，再经过

雅典学院图
这幅图画描绘的是亚里士多德和他的老师柏拉图在雅典学院辩论哲学问题时的情景。

自身理性的思考最终形成知识和真理。鉴于此，亚里士多德把灵魂分两部分，一是非理性灵魂，其功能是本能、感觉、欲望等；二是理性灵魂，它的作用是思维、理解和认识。亚里士多德强调教育的目的在于，在非理性灵魂的基础上充分发挥理性灵魂的作用，以理性灵魂的充分发展作为终极目的。

亚里士多德为践行自己的教育思想，开设专门的哲学学校。在他的学校里非常注重实践，认为只有在实践活动中学生才能获得德、智、体等方面的全面发展。在师生关系方面，亚里士多德倡导教学相长，反对师道尊严和学生只能被动接受的做法。他有一句名言："吾爱吾师，吾更爱真理"。而且他身体力行，突破了其师的理论范围，开创了新的境界。

亚里士多德成果之多，达到了令人吃惊的地步。他一生有170部专著，光流传下来就有47部。这些著作涉及天文学、动物学、胚胎学、地理学、地质学、物理学、解剖学和生理学等各门学科，是名副其实的百科全书。

亚里士多德对世界的贡献是空前绝后的，绝对称得上是伟大的、百科全书式的科学大师。有鉴于此，后人将他与其师柏拉图还有苏格拉底并称为古希腊三贤，也有人将这三人喻为古希腊科学史上三座高峰。恩格斯称之为"最博学的人"实不为过。

E 欧几里得
uclid and Geometry Original
和《几何原本》

　　欧几里得（约前 330 年～前 275 年），古希腊著名数学家，是几何学的奠基人。

　　欧几里得出生在雅典，曾经师从柏拉图，受到柏拉图思想的影响，治学严谨。后来在埃及托勒密王的盛情邀请下，到亚历山大城主持教育，成果非凡。托勒密国王本人对数学较感兴趣，但又无心深究，经常浅尝辄止，还总是询问欧几里得有没有什么捷径。欧几里得则郑重其事地告诉他："在几何的王国里，没有专门为国王铺设的大道。"国王为欧几里得严谨的治学态度所打动，后来这句话成为激励学习者不畏艰苦的箴言。

　　欧几里得在系统地总结前人几何学知识的基础上，加上自己的创造性成果，开创了一门新的几何学，人们称之为欧氏几何学。欧氏几何学的显著特点是把人们已公认的定义、定理和假设用演绎的方法展开为几何命题。从此，几何走上了独立发展的道路。

欧几里得

古希腊数学家，几何学的奠基人和开拓者。他在数学领域内的贡献是非常大的，他开创的欧氏几何学成为后来几何学的基础。

　　欧氏几何学的集大成著作是《几何原本》。在这本书中，欧几里得集中阐述了自己的几何思想。《几何原本》共 13 卷，每卷（或几卷一起）都以定义开头。第一卷首先给出 23 个定义，如"点是没有面积的"、"线只有长度没有宽度"等。同时也给出平面、直角、锐角、钝角、平行线等定义，然后则是 5 个假设。作者先做出如下假设：(1) 从某一点向另一点作直线，(2) 将一条线无限延长，(3) 以任意中心和半径作圆，(4) 所有的直角都相等，(5) 若一直线与两直线相交，使同旁内角小于两直角，则两直线若延长，一定在小于两直角的两内角的一侧相交（此后的许多学者都试着证明这一假设，却没能成功，这引发了非欧几何学的创立）。5 个假设之后是 5 条公理，它们共同构成了《几何原本》的基础。

《几何原本》前 6 卷为平面几何部分，第一卷内容有关点、直线、三角形、正方形和平行四边形。其中包括著名的"驴桥"命题，即"等腰三角形两底角相等，两底角的外角边相等"；面积贴合问题："在一已知直线（段）上以已知角贴合一平行四边形等于一已知三角形"；著名的毕达哥拉斯定理："直角三角形斜边上的正方形的面积等于直角边上的两个正方形的面积之和"。

第二卷在定义了磬折形之后，给出 14 个命题，作为第一卷中有关面积变换问题命题的延续。如果把几何语言转换为代数语言，这一卷当中的第 5、6、11、14 命题就相当于求解如下二次方程：$ax^2 - x^2 = b^2$、$ax + x^2 = b^2$、$x^2 + ax = a^2$ 和 $x^2 = ab$。

第三卷包含 37 个命题，论述了圆本身的特点，圆的相交问题及相切问题，还有弦和圆周角和特征。

第四卷，全都用来描述圆的问题，如圆的内接与外切，还附有圆内接正多边形的作图方法。

第五卷发展了一般比例论，第六卷是把第五卷的结论应用于解决相似图形的问题。第七、八、九卷是算术部分、讲数论，分别有 39、27、36 个命题。第十卷包含 115 个命题，列举了可表述成 $a \pm b$ 的线段的各种可能形式，最后三卷致力于立体几何。《几何原本》的许多结论由仅有的几个定义、公设、公理推出。它的公理体系是演绎数学成熟的标志，为以后的数学发展指明了方向。欧几里得使公理化成为现代数学的根本特征之一，他不愧为几何学的一代宗师。

亚历山大港
Pharos Beacon of Alexander Harbor
的法洛斯灯塔

在埃及的亚历山大港附近的法洛斯岛上，历史上曾矗立着一座法洛斯灯塔，与埃及的金字塔、巴比伦的空中花园等并称世界七大奇迹，但它又个性鲜明。

法洛斯灯塔不带任何宗教色彩，是一座纯粹民用建筑。大约公元前300年，马其顿国王亚历山大大帝的部下托勒密·索格取代亚历山大成为埃及之主，并宣布新城亚历山大为国都。鉴于亚历山大港的航道十分危险，他便采纳下属建议，下令由建筑师索斯查图斯会同亚历山大图书馆建造一座灯塔，以方便引导航海入港。由于该塔建在港口附近的法洛斯岛，故而得名。

法洛斯灯塔设计高度为122米，是当时世界最高的建筑物。灯塔塔身以白色的大理石建成，洁白如玉，蔚为壮观。该塔分为三层，底层为四角柱体，高约105.3米，是整座塔的基座；中层为八角柱体，高约为20米，直径较底座部分略小，以增加灯塔的稳固性；顶层则是圆柱状，高度为约8米。顶层之上巍然屹立着海神波赛冬的雕像，凝视着大海上的航船，给整座建筑物增添了不少生机与活力。法洛斯灯塔从下到上结构紧凑，浑然一体，为苍茫的亚历

建于法洛斯岛上的大灯塔及卡特湾要塞遗址。

亚历山大港灯塔（想象图）
亚历山大港灯塔曾经被誉为世界七大奇迹之一。现在该塔已不复存在，人们只能从各种文献资料中一窥其特色。

山大港湾平添了一道靓丽的风景。

法洛斯灯塔的工作原理是这样的：塔内螺旋式阶梯直通塔顶，平时有专人负责运送燃油，而位于塔顶瞭望台的引航员在夜间就点燃引航灯，再通过一组巨大的镜片聚光反射出去，这样海上夜航的船只就能找到航标，就能安全地进港靠岸；而在白天，就只用镜片反射日光。据史料记载，无论白天还是黑夜，法洛斯灯塔都能为 56 千米内的船只引航。同时，由于亚历山大港的军事战略位置，灯塔在战时还作为侦察敌情的平台使用。

法洛斯灯塔一度成为亚历山大的标志性建筑，后来由于埃及迁都开罗而遭遗弃。956 年、1303 年和 1323 年，该地区发生三次大规模的地震，几乎将这座雄伟的灯塔毁尽。这还不算完，在 1480 年，当地的统治者居然用灯塔残存的大理石来加固城堡。至此，千年灯塔销声匿迹。直到 1996 年 11 月，几名潜水员在地中海深处发现了法洛斯灯塔残存的基石，这座已消失几百年的古灯塔才重新露面，引起人们的关注。近几年以来，考古学家对亚历山大港的法洛斯灯塔进行了一系列的发掘工作，以期对它有更深的认识。

帕特农神殿

在蔚为壮观的亚历山大灯塔建成的同时，古希腊的帕特农神殿也已经巍然屹立于雅典老城区卫城中心。该神庙由著名建筑师与雕刻师菲迪亚斯设计。

神庙总体呈长方形，长约 69.5 米，宽约 30.8 米，有 46 根多立克式环列圆柱构成柱廊。其额枋、檐口、屋檐多处饰有镀金青铜盾牌、各种文饰和珍禽异卉等装饰性雕塑。中楣饰带由 92 块白色大理石板装饰而成，并配有描述希腊神话内容的连环浮雕。东西屋顶的人字墙上，雕刻着乘 4 马金车在天空奔驰的太阳神赫利俄斯、侧身躺卧的酒神狄俄尼索斯和驾银车遨游太空的月神塞勒涅的浮雕以及描写火神赫淮斯托斯劈开万神之王宙斯的脑袋，雅典娜全身披甲从中跃出的一组浮雕。

神庙主体建筑为两个大厅，两旁各倚一座有 6 根多立克圆柱的门厅，东边门厅通向内殿，殿内供奉着巨大的雅典娜女神，神像设计灵巧，可搬动转移隐藏。帕特农神庙是多立克式建筑艺术的登峰造极之作，有"希腊国宝"之称。

S 阿基米德
S tories about Archimedes
的故事

阿基米德（前 287～前 212），是古希腊伟大的数学家和力学专家。他出身贵族，但酷爱学习，11 岁时就来到埃及的亚历山大里亚城学习哲学、数学、天文学和物理学等学科。还受到过埃拉托塞和卡农（二人均为欧几里得的学生）的亲自指点，是与牛顿、高斯齐名的伟大数学家。

阿基米德一心扑在科学研究上面，达到了忘我的境地，留下了许多佳话。比如他发现浮力定律的过程便是这样一个典型。

故事是这样的：叙拉古国王命王城的金匠打造一顶新王冠，要求纯金制作。按现在的说法也就是 24K 吧。但是，金匠在制造金银器皿时掺杂使假、中饱私囊在当时已是司空见惯。所以等到王冠打造完成以后，国王想到的第一件事便是如何检验王冠的纯度，但又不能破坏了近乎完美的王冠。这可愁坏了叙拉古国王和朝臣。最后大家一致决定把这道难题交给宫廷教师阿基米德来解答。

阿基米德开始也拿不出什么好办法，但没有放弃。这也许就是科学家与普通人的差距所在。有一

古希腊物理学家阿基米德

这是拜占廷壁画中的一部分，描绘了罗马大军攻破叙拉古城时，阿基米德仍沉醉于数学研究之中，图中他双手保护着自己的数学工具，两眼愤怒地回望着什么（原图中站在他身后的是一持剑的罗马士兵）。

浴盆中的阿基米德

传说阿基米德到公共浴池洗澡受到了启发，发现了有名的浮力定律，即浸在液体中的物体受到向上的浮力，其大小等于物体所排出液体的重量。

天，他在洗澡时浴盆中溢出的水触发了他的灵感：既然人体入水愈深，溢出的水愈多，那么若是将王冠投入水中，溢出的水量也就应等于同等重量的黄金排出的水量。如若不相等，就是掺了假。想到此，他从澡盆中一跃而起，赤身裸体地跑到大街上，一边跑还一边喊："尤里卡，尤其卡（找到了）！"自己却浑然不觉。事后人们知道了事情的来龙去脉，无不感叹阿基米德专注于科研的精神。

阿基米德有一颗聪明的大脑，解决了许多复杂的问题，但有时也把问题想得十分简单。例如，在他发现了杠杆原理（力臂和力的大小成反比）后，就对国王说："在宇宙中给我一个支点，我就可以撬起地球！"而叙拉古国王笑笑说："可爱的阿基米德先生，向宙斯起誓，你说的这个支点是无论如何也不存在的。"阿基米德这才意识到自己把事情想得太理想化了。这也反映出他对自己的观点深信不疑，而且永远是那么肯定，不论在别人看来是如何荒唐。

难怪罗马历史学家普鲁塔克说："他是一个中了邪的人。"令人惋惜是，这位智慧、可爱的阿基米德先生最

阿基米德的科学成就

阿基米德在许多科学领域取得令同时代科学家高山仰止的成就。在数学领域，阿基米德使用"穷竭法"求得了抛物线弓形、螺线、圆形的面积和椭形体、抛物面体等复杂几何体的体积，被公认为微积分计算的鼻祖。他还利用此法估算出了 π 值，得出了三次方程的解法。他还提出了一套按级计算法，并利用它解决许多数学难题。他主要的数学著作有《论球和圆柱》、《论劈锥曲面体与球体》、《抛物线求积》和《论螺线》。力学领域，阿基米德的成就主要集中在静力学和流体力学方面。在研究机械的过程中，他发现了杠杆原理。在研究浮体过程中，他发现了浮力定律。他著有《论平板的平衡》、《论浮体》、《论杠杆》、《论重心》等力学著作。在文学领域，阿基米德设计了表现日、月食现象的仪器。他还提出地球是球状的，并绕太阳旋转，比哥白尼的"日心地动说"早1800多年。

测算不规则物体的体积或质量
把桃子完全浸在水中，根据它的排水量，可测算出它的体积。

后竟死于敌人的利剑之下。那是公元前212年的一天，罗马远征军攻破了叙拉古的城防，一名士兵闯进了他的住所，用一把利剑指向他的咽喉刚要开口，阿基米德却出人意料地说道："先等我把这个原理证完再说。"这位罗马士兵没能理解他的意思，一怒之下竟杀死了这位科学大师，给后人留下无尽的遗憾。

罗马统治者为阿基米德的智慧所折服，为他举行盛大的葬礼，将其安葬在西西里岛，并为之建造了圆柱内切球状的墓碑，以彰显他在数学上的杰出贡献。

特别提示

杠杆原理

定义：一根硬棒，在力的作用下，如果能绕着固定点转动，这根硬棒就叫作杠杆。

说明：杠杆是物理学中特定条件下一个总名称，它必须要满足以下几个条件：

①有力作用在物体上，这个力能使物体转动。

②当物体转动时，必须绕着一个固定点转动。

③这个硬棒在力的作用下不发生形变，但不一定非是直棒，任何形状都可以。

④转动中受到阻碍转动的力。

杠杆的五要素：

动力（F_1）：作用在杠杆上，使杠杆转动的力。

阻力（F_2）：作用在杠杆上，阻碍杠杆转动的力。

支点（O）：杠杆绕着转动的点。

动力臂（L_1）：从支点到动力作用线的距离。

阻力臂（L_2）：从支点到阻力作用线的距离。

阿基米德浮力定律

因为物体各个面都要受到水的压力，但是在两侧水的压力大小相等、方向相反，互相平衡。而上下两面由于深度不同，受到水的压力由于深度不同而大小不同，下表面由于深度大，向上的压力大于上表面向下的压力，根据二力的合成，物体受到的合力就向上，这便是浮力，故浮力总是竖直向上的。

浮力的大小：$F浮 = F向上 - F向下$

阿基米德原理：浸入水里的物体受到向上的浮力，浮力的大小等于它排开的液体受到的重力。

①阿基米德原理也适用于气体，浸没在气体里的物体受到浮力的大小，等于它排开的气体受到的重力。

②浮力的大小与物体的密度无关。

③浮力的大小与物体形状无关。

④浮力的大小与物体全部浸入液体后的深度无关。

T 托勒密
The mistakes of Ptolemy
的错误

托勒密 (90～168) 生于埃及，父母都是希腊人。关于他的生平，史书记载的很少，但他的"错误"却是尽人皆知。

托勒密犯的是一个著名的错误，那便是地心说。说它是错误，那是实事求是，但同时它也是不折不扣的科学。之所以称之为科学，是因为它在科学史的进步意义。

其实，首创地心说的是亚里士多德。托勒密全面继承了这一学术观点，同时依靠前人的积累和自己长期观测得到的数据，写成了 13 卷本的《至大论》。在该书中，他将地球之外的空间分为 11 个天层，依次为月球天、水星天、金星天、太阳天、火星天、木星天、土星天、恒星天、晶莹天、最高天和净火天。托勒密认为，各行星都围绕着自身的轴心转动，同时每个行星的轴心又以地球为中心作圆周运动。他以地球为中心的圆周为"均轮"，各行星自转的圆周为"本轮"。他还承认地球不在均轮的正中心，从而均轮都是一些偏心圆；众恒星与日月行星一道绕地球公转。托勒密所描绘的数学图景并不符合实际情况，但对于当时观测的行星运动情况解释的近乎完美，而这一理论在航海上也具有一定的实用价值。托勒密自己对这一理论体系的评价是：不具备物理的真实性，仅仅作为计算天体位置的一个数学方案而已。但人们还是

托勒密
他为"地心说"提出了许多的"理论"依据，其中某些还具有合理的成分。

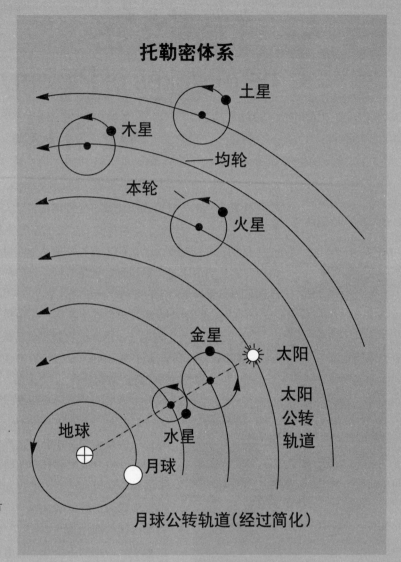

托勒密体系

土星

木星

——均轮

本轮

火星

金星

太阳

太阳
公转
轨道

地球

水星

月球

托勒密天体系谱图
这张天体图从整体上看是错误的、但它也有某些合理性和科学性。

月球公转轨道（经过简化）

接受了它，认为它是科学的。

之所以在托勒密犯下这样的错误之后，当时的世人又犯了一个错误（接受他的观点）是有一定原因的。第一，绕着某一中心作匀速圆周运动的提法暗合于当时占主导地位的柏拉图思想，与亚里士多德的物理学也是吻合的；第二，以几种圆周轨道的组合说明行星的位置和运动状况，与实际相近，相对于以前的体系而言是一种进步，还能解释行星的亮度差异；第三，地球处于宇宙中心不动的说法令人们安心，也与基督教义的说法一致。如此一来，在以后1000多年的时间里，人们对此深信不疑。

直到 15 世纪，哥白尼才指出了这一理论的谬误。人们对于宇宙中心这个问题的认识一步步朝着正确的方向发展。不幸的是，我们逐渐认清了谁是宇宙中心的时候，不经意地又犯下了另外一个错误，那就是全面否定托勒密及其地心说。

在上海交通大学科学史系的研究生入学考试中，不止一次地出过这样一道题："试论托勒密的天文学说是不是科学？"结果呢，大部分考生在这道题上栽了跟头，众口一词地说它不是科学，错误的理论怎么能成为科学呢？而正确答案恰恰相反：它是科学。可见持这种错误观点的人不在少数，为什么呢？因为我们从小学到大学的教育中历史唯物主义和辩证唯物主义的精神贯彻得太少。

何谓科学？科学是一部不断进步的阶梯。今天的"正确"结论，明天可能成为悖论。如果我们否定托勒密是对的，那么哥白尼、开普勒和牛顿又将如何评判？太阳也不是宇宙中心；行星的轨迹亦非精确椭圆；"绝对时空"是不存在的，我们只能一并称之为"伪科学"，显然这是不负责任的做法。所以我们必须按照辩证唯物主义和历史唯物主义的要求，重新划定科学的界线。即具有进步意义，推动人类社会向前发展的理论就具有科学性。托勒密的理论符合这一点：第一，他肯定大地没有支托，而是悬空的；第二，认识到行星和日月是离地球较近的天体群，走出了把太阳系从众星中识别出来的关键一步。所以，我们在承认托勒密地心说是一个错误的同时，也要看到它的巨大积极意义。

托勒密的著作

《至大论》是托勒密的一部重要著作，不再赘述。另外还有其他九部著作：《实用天文表》，将《至大论》中的天文表单独汇编，并对其中参数加以修订以方便实际应用。该书一直被用到中世纪以后。《日晷论》，主要研究日晷的角度、投影和比例的问题，相比古罗马工程师维特鲁威的《建筑十年》，在具体技巧有诸多改进。《平球论》专注于各种圆的平面投影，形成构造平面星盘的理论基础。《地理学》是当时地理学和地图学知识的集大成之作，在地理方面居于重要地位，全书共分为 8 卷。《恒星之象》仅有第二部分存世。在书中，作者列举了一些明亮恒星的偕日升与偕日落，是对于《至大论》在这一领域的补充。《星象假说》、《四书》、《光学》、《谐和论》等著作或因失传，或因后人记述颇有争议，这里不再一一赘述。

阿拉伯炼金术中的
The chemistry in Arabian alchemy
化学

水银
水银是一种从朱砂中提取出来的液态金属。

炼金术，无论是东方还是西方，都源远流长。西方的炼金术大致开始于1世纪，后受到统治者和巫医的推崇，迅速发展。但炼金术的发展无意间催化了化学这门学科，最后竟被其否定和取代。

阿拉伯炼金术与中国炼丹术的异同

阿拉伯的炼金术与中国的炼金术有许多相似之处。除了炼制设备相似外，所用药物也大致相同。中国所用的药物主要是硫、汞、丹砂、硝石、雄黄等，阿拉伯炼金术大体上用的也是这些。阿拉伯人还常常把用于炼金的药物名称之前冠以"中国"二字。如硝石，他们称为"中国雪"。阿拉伯的炼金术士与中国的炼丹家一样，大都以医术见长。不同之处就在于，中国的炼丹家目标是炼出长生不老药，而阿拉伯的炼金术士追求的则是黄金，梦想着以此来发财致富。同时整个炼制过程设计非常严密，富有很强的逻辑性和科学性，以致于在炼金的过程中产生了许多有价值的化学发现。

阿拉伯人的炼金术尤为出名，它可以追溯到古埃及，时间应为8世纪。阿拉伯的炼金术体现了一种关于本质的哲学。它与古希腊赫尔墨斯的神智学，以及关于矿物和金属转变成金的特殊原理都有密切的关系。在具体的操作过程中，运用了许多化学的知识和实验方法。

首先，炼金术的思想隐含着化学原理。如阿拉伯早期著名的炼金术士比尔·伊本·海扬在他的著作《物质大典》、《七十书》、《炉火术》、《东方水银》等著作中指出金属可以相互转换，他说重水（水银）可以将铁、铜和铅变成金。虽然这些提法现在看来是幼稚可笑的，无丝毫科学依据，但他为后来的化合、分解等化学实验的尝试起到了启发作用。

其次，早期的炼金术为后来化学的产生与发展提供了基本的实验器具和药品。阿拉伯著名的炼金术士拉绎就曾发明、命名了蒸馏器，使用了包括坩埚、烧杯、漏

炼金术的影响

炼金术被现代科学技术证明是错误的，但由于"长生不老"的诱惑力，19世纪以前它一直保持着旺盛的生命力。西方的国王如英王亨利六世、法国国王查理七世和九世、瑞典国王查理十二以及普鲁士的腓特烈·威廉一世和二世，无一不极力推崇炼金术，妄图以此达到长生不老的目的，甚至形成所谓"炼金术的中心"，如布拉格。更有甚者，如罗马的鲁道夫二世和英国的伊丽莎白女王一度加封炼金术士为伯爵，受此殊荣的有英国的约翰·迪真，罗马的迈克尔·梅尔特等人。

斗、天平、焙烧炉、水浴、沙浴、铁剪、勺子和风箱在内的众多仪器设备。同时还提出了植物性物质、动物性物质、矿物性物质和衍生物等概念，又进一步把矿物质分为金属体、岩石、矾土、盐类、硼砂和捍多性结晶体等种类。以后的阿维森纳，他是一名医生和炼金术士，在其所著的《医典》中，也有关于无机矿物的分类：可溶物、盐、石和硫等。他还写到，明矾和硇砂是含有土和火的盐类物质，金属则是由汞、硫和其他杂质混合而成，石是由于水受干素作用而形成的。在这本书中，还提到合金的概念。这些阿拉伯的炼金术家所获得的成果一定程度上构成了早期化学研究的雏形，可以说近代化学的产生源于炼金术。

再次，阿拉伯炼金术中方法，诸如蒸馏、缓烧、过滤、升华和煅烧等，都成为后来化学实验的基本操作方法。使用这些方法炼金的术士有许多成为化学的先驱，如比尔·伊本·海扬(721～815)、拉绎(860～933)、贾比尔·伊本·哈扬(721～776)等。

尽管化学从炼金术中脱胎，炼金术最终还是受到近代化学的怀疑和否定，被定格为"伪科学"，这一过程大多产生于17世纪以后。

18世纪的炼金术实验室
当时的人们通过煮动物尿液或水银来提炼黄金，最后也不过是徒劳一场。

古登堡的
The letterpress of Gutenberg
活版印刷

古登堡的印刷工作室

该情景即使对于今天的许多印刷工来说仍非常熟悉，在左前方，排字工人正从字盘中取出一个个字母进行排版，而图的后面，辅助印刷工则在铅字上面涂油墨，印刷工人正在用力转动螺旋杆，使其下移进行压印。尽管整个过程显得有些笨拙，但对于手抄书来说，无疑是一场革命。

提起活版印刷，我们总是想起北宋的毕昇。现在，我们先放下他不提，而是共同探讨一下德国人古登堡的活字印刷。

是不是古登堡最早发明了活字印刷，我们也按下不提。他确实自己创制了一套印刷技术，而且广泛使用和传播。古登堡出身铸币工人家庭，幼年习得金匠手艺，为日后从事印刷打下基础。其实，古登堡早在1434年和1444年间就开始活字印刷的探索。起初是较大的木活字，显然可以排版印刷但十分

不方便，而用木板刻成较小的字模强度又跟不上，最终他想到了金属制版。当时所用的材料主要为铅锡合金，其中加入一定量的锑以提高活字强度。古登堡的功绩之一就在于他最终确定三种金属的比例搭配。

在解决了刻版的问题之后，接下来便是印制设备的问题，在克服这个难题过程中，古登堡从当时压榨葡萄汁的立式压榨机受到启发。最终他将一台木制的压榨机改装成第一台印刷机，并且试印了一下。他先将活字字块排好，然后将其固定在印刷机的底部座台上，再用羊毛制的软毡蘸墨刷在字版上，下边铺上纸张，向下拉动铁制螺旋杆，压印板便在纸上印出字迹，最后向上摇动拉杆，抽出纸张，便告完成。效果虽不尽人意，但总可以慢慢改进以提高印刷质量。

就在第一次试印过程之中，另一个难题摆到了古登堡面前。当时他用的还是传统的水性墨，水性墨自身黏附性差，用在雕版印刷中还可，而在活字印刷中印出的字迹时浓时淡很不均匀。若是采用黏稠度较高的油性墨，效果或许会好一些，想到此，古登堡开始试制油性墨。经过反复试验，他发现将松节油精（蒸馏松树脂得到）与炭黑混合再加入煮沸的亚麻油中形成的墨质量较好，而且

这种墨印出的字迹呈暗黑色，非常适合大量印刷。

至此，一整套的活字印刷技术便告完成。为了推广这项发明，古登堡于1450年与富商富斯特合伙开办了一家印刷厂。由于当时正处于欧洲文艺复兴的上升时期，人文主义的艺术和文化空前发展，大量的读物需要印刷，古登堡等人开设的印刷厂规模迅速扩大。同时其他的印刷厂也如雨后春笋般崛起，印刷术也就自然而然地推广开来。

古登堡的活字印刷术进一步走出国界，被广泛地使用则是源于1462年美因茨动乱事件。当时工厂被毁，印刷工人流离失所、各奔东西，不经意地就把活字技术带到各地，如1468年他们在瑞士巴塞尔，1465年在意大利，1470年在法国，1475年在西班牙，甚至在墨西哥都建立了印刷厂。古登堡发明的活字印刷技术在欧洲广为传播，极大地推动了文艺复兴和宗教改革的进程。到了16世纪以后，这种印刷技术进一步改良，其产量和质量空前提高，最终形成了庞大的近代出版业，在社会发展的进程中扮演着愈来愈重要的角色。

至于是不是古登堡首创了活字印刷尚未定论。但有资料证明古登堡确实受到过中国印刷术的影响，如芝加哥大学的钱存训教授就说："古登堡的妻子出身威尼斯的孔塔里家族，因此他见到过从威尼斯带回的中国雕版，从中受到启发又做出发展，才发明了活字印刷。但我们不可否认：古登堡确实独立发明了这项技术。"

古登堡发明的印刷机

螺旋

墨球

压印石

屏蔽容器

压纸格

历史的误会

　　西方学者也承认中国早在1045年就有活字印刷技术，但认为这只是一种构想，一直没有投入使用，因而没有实用价值。证据就是到了明清甚至民国时期，民间仍大量使用雕版印刷。殊不知中国有自己的特殊国情：其一，中国有上万个汉字，而西方的拼音文字只需50多个字母，相比之下中国铸造字不易；其二，中国历来人口众多，书籍的印量很大，还有重印的因素，因此侧重木版印刷。事实上，中国铸造的金属活字的绝对数量要远远多于欧洲，只是相对于木版印刷的量较小而已。可见中国的活字印刷并非不实用。

发现新大陆

美洲名称的由来

把哥伦布所到的地方确定为新大陆的是佛罗伦萨人亚美利哥·维斯普奇。1499年他随同西班牙考察船到西印度群岛一带考察，发现并探测了南美洲的亚马孙河口，接着沿海岸向东航行，到达南美东北角一带，1500年，返回西班牙。1501年，他又由里斯本出发，沿南美洲东海岸向南方航行，进行考察，发现了拉普拉塔河河口，到达南纬50度之远，1502年返回。确认那不是亚洲，而是一块"新大陆"（New Land）。1507年，德意志制图学家瓦尔德塞缪勒制成世界地图，附有短文说明。其中称这块大陆为亚美利加（America），亚美利加一词由亚美利哥转来，后来成为美洲的名称。

哥伦布

哥伦布是意大利著名的航海家，自幼喜欢冒险，为寻找传说中金银遍地的中国和印度，他四次横渡大西洋，并首次发现了美洲大陆，为以后的殖民掠夺打下了基础。

哥伦布（1451～1596）出生于意大利的热那亚城。那里航海业发达，年轻的哥伦布热衷于航海和冒险。这些条件为其日后的远航打下了基础。

15、16世纪的欧洲，地圆学说已广为传播。人们相信从欧洲海岸出发一直向西，便可以到达东方。而《马可·波罗行记》又把东方描写为遍地是黄金和香料的天堂。当时的欧洲，随着商品经济的发展和资本主义萌芽的出现，发生了所谓的"货币危机"，即作为币材的黄金白银严重匮乏。许多欧洲人狂热地想到东方去攫取黄金，以圆自己的发财梦，哥伦布便是其中的代表人物。哥伦布自幼就酷爱航海，15岁就跟随货船在地中海上航行。

梦想归梦想，去东方在当时可不是一件容易的事。传统的东西之间陆上贸易通道已被崛起的土耳其帝国隔断，地中海上的通路又被阿拉伯人把持。欧洲人要圆自己的梦，必须开辟新航路。可喜的是此时中国的指南针业已传入欧洲，而欧洲的造船业也达到相当的水平。这时年富力强的克里斯托弗·哥伦布认为条件已经成熟，决定进行一次远航。

第一次航行并不顺利，首要的问题是找不到赞助者。哥伦布1486年就向西班牙王室大臣提出了自己的设想，直到1491年才获批准。双方鉴定《圣大非协定》。在西班牙王室支持下，1492年8月3日，哥伦布率领由三艘船组成的舰队从西班牙的巴罗斯港出发，开始了人类历史上首次穿越大西洋的航行，他们一行共87人，经过两个多月的颠簸，哥伦布一行终于发现了一片陆地，草木葱茏。他们欣喜地上岸，并将其命为圣萨尔瓦多，意为救世主。这个岛屿就是现在巴哈马群岛中的一个，现名为华特霖岛。这时哥伦布犯了一个错误，他以为已经到了印度就没有再向西航行，而是转道向南，沿着海岸线，陆续到达了今天的古巴和海地。他称这一带的土著民族为印第安人（即印度人），并了解了他们的风土人情，只是没有搞到大量的黄金。

虽然没有直接获取黄金，但哥伦布也不虚此行。他一上岸就与当地的土著进行欺诈性贸易，以各种废旧物品换取他们的珍奇、贵重的财物。而善良的土著人待之如上宾，主动帮助他们适应当地的生活方式，如建筑房屋、采集和狩猎等。这些野心勃勃的殖民者却在站稳脚跟后，对当地人进行疯狂掠夺和残酷的压榨。临走的时候，还虏走了10名印第安人。1493年的3月15日，号称"大西洋海军元帅"的哥伦布，在经过240天的远航后，回到出发地巴罗斯港，消息轰动了整个西班牙和欧洲。哥伦布展示了他从美洲带回的金饰珠宝和珍禽异兽，并向人们宣布他已找到去东方的新航路。哥伦布由此受到国王的嘉奖，平步青云地跻身

西班牙国王颁给哥伦布的"特权书"和"勋章"。

哥伦布航海用的船只复原模型
15世纪90年代哥伦布向西航行时，就乘坐这种航船，用直角索具把多桅帆船进行改造。船体中部竖立主桅，并在前桅挂一直角帆。必要时，主桅可向右重新挂起直角帆。

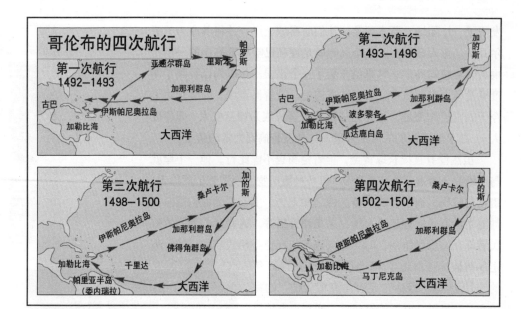

哥伦布的四次航行

第一次航行
1492—1493

亚速尔群岛　里斯本　帕罗斯

古巴
伊斯帕尼奥拉岛
加那利群岛
加勒比海
大西洋

第二次航行
1493—1496

加的斯

古巴
伊斯帕尼奥拉岛　加那利群岛
波多黎各
加勒比海
瓜达鹿白岛
大西洋

第三次航行
1498—1500

桑卢卡尔　加的斯

伊斯帕尼奥拉岛　加那利群岛
佛得角群岛
加勒比海　千里达
帕里亚半岛
(委内瑞拉)　大西洋

第四次航行
1502—1504

桑卢卡尔　加的斯

伊斯帕尼奥拉岛　加那利群岛
加勒比海
马丁尼克岛　大西洋

哥伦布四次远航示意图
从 1492 年到 1504 年，哥伦布先后进行了四次跨大西洋远航。在这四次远航中，他先后发现了现在被称为西印度群岛的大量岛屿和美洲大陆。

贵族行列。1493 年 5 月 29 日，西班牙国王颁布命令授予哥伦布新发现的岛屿和陆地的海军总司令、钦差和总督的头衔，并向他颁发了授衔证书。

不久，尝到甜头的西班牙王室让哥伦布再度远航。在第二次航行中，哥伦布到达海地和多米尼加等地区。1498 年和 1502 年，哥伦布又两次航行美洲，扩大了对美洲大陆的探索范围，但始终未能找到中国和印度，也未能给西班牙王室带回他们期望的黄金，逐渐被冷落。1506 年的 5 月 20 日，哥伦布在西班牙的瓦里阿多里城郁郁而终。

哥伦布发现了美洲新大陆，但到死也说自己到了印度，今天的东印度群岛的名称即来源于此。后来，一个叫亚美利哥的意大利人发现哥伦布到达的不是印度，而是一个原来不为人所知的大陆，这块大陆就以亚美利哥的名字被命名为亚美利加洲（America）。美洲的发现开拓了人们的眼界，使世界逐步连为一体，对于扩大世界范围内的交流和推动人类文明进步有一定积极意义；同时也引发了大规模的殖民扩张，为当地的人民带来空前的灾难。

M 麦哲伦
agallance sailed the whole world
环球航海

葡萄牙航海家麦哲伦像

15世纪欧洲港口
15世纪欧洲沿海各国的航运业已十分发达，在地中海和大西洋沿岸出现了许多著名的港口。这些港口经济发达，对外贸易十分频繁。

麦哲伦，全名费尔南多·麦哲伦，是世界著名航海家，出身于葡萄牙贵族。在他生活的时代，已有哥伦布发现新大陆和达·伽马开辟通向东方的新航道的航海壮举。在前人的激励下，麦哲伦决定做一次真正意义上的环球船行，以实证地圆学说。

开始，麦哲伦求助于葡萄牙王室，未果。转而向西班牙国王请求资助。获准以后，麦哲伦率领一支由5艘帆船和来自9个国家的270名水手组成的船队，于1519年9月20日从西班牙塞维利亚港出发，向西驶入大西洋。6天以后到达特内里费岛，稍事休整，于10月3日继续向巴西远航，终于11月29驶抵圣奥古斯丁角西南方27里格处（里格，长度单位）。之后，船队继续向南，次年的3月才到达阿根廷南部的圣朱利安港。当时的自然条件对航行极为不利，寒冷的天气使得缺衣少食的船员开始怀疑此行的价值，由于人心不稳，

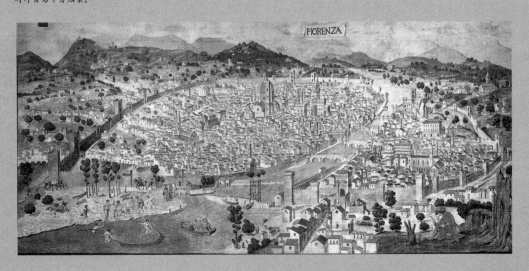

FIORENZA

还发生了 3 名船员叛乱的事件。麦哲伦凭其卓越的领导才能，果断地平息了叛乱，并处死了肇事者。在圣朱利安港一直呆到这一年的 8 月，为的是等待天气的好转。

根据麦哲伦等人的航海日志，船队于 1520 年 8 月 24 日离开圣朱利安港南下，10 月 21 日绕过了维尔京角进入了智利南端的一道海峡（后被命名为麦哲伦海峡）。由于该海峡水流湍急，麦哲伦的船队只得小心翼翼地前进，经过 20 多天他们才驶出海峡，在此期间有两条船沉没。10 月 28 日，麦哲伦等人出了海峡西口进入"南面的海"，幸运的是在这片海域的 110 天航行竟然没有遇上过巨浪，故而船员称之为"太平洋"。然后开始了横渡太平洋的艰难历程。由于长时间的曝晒，船上的柏油融化，饮用水蒸

环球航行示意图

从 1519 年 9 月到 1522 年 9 月，经过 3 年时间，麦哲伦及其率领的船队完成了环球航行，从而证明了地球是圆的。

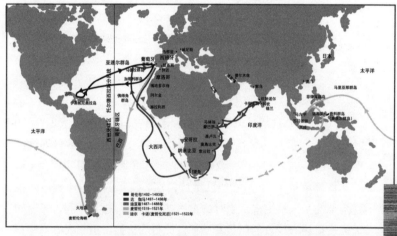

发待尽，食物也变质甚至生了蛆虫。船员无奈之下只得以牛皮绳和舱中的老鼠充饥。许多人因此而丧命，其艰难困苦可见一斑，但最危险的时刻还没有到来。

经过严重的减员这后，麦哲伦的船队于 1521 年 3 月份抵达马里亚纳群岛中的关岛。在这里船员们获得梦寐以求的新鲜食物，他们感觉自己好像进入了天堂。在这里他们停下来修整了一段时间以恢复体力，之后他们继续向西航行，到达了菲律宾群岛。至此，麦哲伦本人也走到了生命的尽头。

在登上菲律宾群岛的务宿岛后不久，这些殖民者的真实面目就显露出来。麦哲伦妄图利用岛上两部落的矛盾来控制这块富饶的土地，不料在帮助其中一个部落进攻另一个部落时，被土著人杀死。环球航行面临夭折的危险。幸好麦哲伦的得力助手埃里·

麦哲伦海峡

麦哲伦海峡位于南美大陆南端的火地岛、克拉伦斯岛、圣伊内斯岛之间，东连大西洋，西通太平洋。东西长 580 千米，南北宽 3.3～33 千米。海峡分为东、西两段，中间是弗罗厄德角。西段入口宽为 48 千米，最窄的地方仅有 3.3 千米，水深可达 1 千多米。两岸都是陡峭的冰山，景象蔚为壮观。东段转为开阔但水势浅，最浅处水深不足 20 米，两岸则是茵茵绿草，风景怡人。统观麦哲伦海峡，正处于南纬 50 多度的西风带。因此海峡经常是大雾弥漫、白浪淘天，对航行极为不利，但一直是两大洋之间的重要航道，直到巴拿马运河开通为止。

卡诺带领余下的两船逃离虎口，他们穿过马六甲海峡进入印度洋，这时仅有两只船又被葡萄牙海军俘去一只。埃尔卡诺只好带领仅存的"维多利亚"号绕过好望角，回到西班牙的塞维利亚港，这时已是 1522 年的 9 月 6 日。经过 3 年多的航行，原来浩浩荡荡的船队只剩下一艘船和 18 名船员，可见这次航行代价之大。

历时 3 年多的环球航行，以铁的事实证明了地球是圆的，使天圆地方说不攻自破，同时也使世界的形势大大改观，宣布了一个新时代的到来。麦哲伦等人为世界航海史、科学史做出巨大贡献的同时，客观上也给殖民主义扩张开辟了广阔的道路。

美洲沿岸的港口
发现美洲大陆后，西、葡、英、荷等国在大西洋沿岸建立了许多港口。它们成为来往美洲与欧洲的中转站和殖民者的据点。

LISBONA.

OLISIPO, SIVE VT PERVE-
TVSTÆ LAPIDVM INSCRIP-
TIONES HABENT, VLYSIPPO,
VVLGO LISBONA FLORENTIS-
SIMVM PORTVGALLIÆ EMPORIV.

C推动地球的
opernicus who forced the earth
哥白尼

哥白尼
波兰天文学家，他的《天体运动论》为人们认识宇宙开辟了一个新的途径。

地球无时无刻不在公转和自转，这些转动是由哥白尼推动的吗？显然不是。哥白尼推动的仅仅是"地心说"中的"地球"，让它动了起来。

哥白尼出生和成长于15世纪后半叶，当时天文学正是亚里士多德—托勒密地心说的统治时期。投身于天文学研究的哥白尼也得先学习这些学说，仔细研究、探讨大大小小的均轮和本轮体系。前期的哥白尼在教会系统学习，而地心说则是基督教义的支柱，应该说哥白尼在早期受这一学说的影响还是很深的，但哥白尼绝不是盲从主义者。

大学期间，哥白尼广泛涉猎各门学科的知识，尤其是数学领域。毕达哥拉斯学派简单的数学关系和几何图形给哥白尼留下了很深的印象。后来他又到弗龙堡作僧正，由于职务闲散，他便进行了大量的天文观测和研究，进而获得大量的第一手资料。所有这一切使他隐隐感到托勒密学说体系似乎存在一些不和谐的东西。再加上当时的一些进步的天文学家已经开始怀疑这一地心体系，哥白尼的思想又向前迈进了坚定的一步。

哥白尼认真分析了托勒密体系中行星运动状况的规律：即每颗行星都有一日一周、一年一周和相当于岁差的周期运动规律，而托勒密认为地球是静止不动的，然后再用均轮、本轮体系加以解释。如此一来，整个过程异常烦琐和牵强。如果抛弃这一体系，接受古希腊人阿利斯塔克等认为地球绕太阳转动的学说，将别有一番洞

天体运行论

　　《天体运行论》于1543年在德国纽伦堡出版发行，书中集中论述了日心说。全书共有6卷：第一卷就开宗明义地概括了日心说的要点；第二卷则运用数学知识讲解天体在天球上的运动；第三卷讨论太阳视运动和岁差的关系；第四卷阐述月亮绕地球转动的情况；第五、六卷深入细致地探讨行星的运动规律。该书不仅对日、行星和月球的运动规律进行严格的定量探讨和数学论证，而且附有宇宙图像。它从根本上撼动了基督教教义的支柱，解除了神学对自然科学的羁绊，极大地推动了天文学的发展。

天。于是哥白尼建立起了一个全新的宇宙体系：太阳居于宇宙的中心静止不动，地球及其他行星都围绕它转动，当时人们知道太阳有六颗行星，依次是水星、金星、地球、火星、木星和土星；月球则围绕地球转动；另有其他恒星在离太阳较远的天球表面静止不动。这就是著名的哥白尼日心说。

日心说从根本上否定了"地心不动"的天文学说，明确指出地球也动，而且是围绕太阳转动。有人将这一革命性的创举戏称为"推动地球"，哥白尼被誉为能够推动地球的人。

科学的发展是没有止境的，哥白尼没有在提出这样一个观点之后就罢手，而是又继续花了30多年的时间去修正、完善这一学说。哥白尼曾写过一篇《要释》作为《天体运行论》的附属部分，系统地解惑答疑，使日心说的体系更加完备。

哥白尼的聪明之处还在于，他能够理性地去面对现实。他的这本《天体运行论》击中了基督神学的软肋，如果直接发表，很容易被教会封杀。那样自己的毕生心血就付诸东流。高明的哥白尼在书的序中写明此书献给当时的教皇，又在前言中说书中的理论仅是为方便天文测算而作的人为假设。如此一来，在表面看来这本书不仅不与基督教义对立，还是为基督教服务的工具。结果这个障眼法真的瞒了教会70多年，直到1616年《天体运行论》才被禁止。但在这么多年里，它早已经广泛传播，真正的禁毁已不可能了。最终哥白尼的学说得以流传，哥白尼胜利了，尽管他的大做出版之际，他本人已经作古。后来，诸如牛顿等人又使哥白尼的学说进一步向前发展。

哥白尼的学说动摇了基督神学的根基，使其摇摇欲坠。人们由此看到了科学的曙光，"科学的发展从此便大踏步前进"（恩格斯语）。

表现哥白尼《天体运行论》理论的图绘
尽管今天的天文学家认为它并不精确，但在450年前它却是非常接近于真理的。哥白尼提出，行星绕着太阳运行，地球并不是宇宙的中心，这一观点被称为"日心说"。哥白尼还认为行星的运行轨道实际上是椭圆形的。

第谷的
Celestial observation of Tycho
天文观测

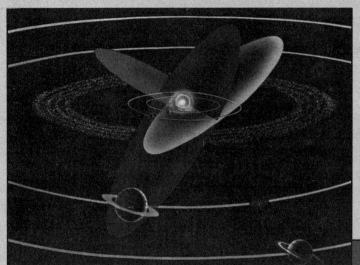

奇异的小行星图
小行星是围绕太阳运行的自然天体之一，一直以来，它很少被人发现。第谷在进行天文观测时发现了许多以前没有发现的小行星。

第谷（1546～1601），也是一位出身贵族的天文学家。儿时和年轻时的第谷与常人没有什么大的差别，他脾气暴躁、性格偏执、好斗，逢事爱问个为什么。这也可能是他成功的一个原因吧。

第谷的成名在于他的

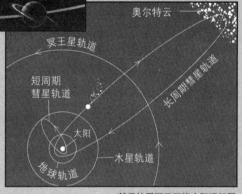

彗星的周期及环绕太阳运行图

天文观测事业。尽管其伯父强烈要求他学文科，第谷还是偷偷地研读天文学著作，尤其是托勒密的《大综合论》和哥白尼的《天体运行论》他简直爱不释手。不仅读书，托勒密还付诸行动：观测天象。1563年8月，第谷观测到了木星和土星相合的景观，并进行了详细的记录。这是他第一次记录天象，以后便一发而不可收。

1572年12月11日，黄昏时分第谷正忙着手头的实验。疲劳的时候，他总是习惯性地凝视一下浩渺的天空。这时他一抬头刚好发现了仙后星座中闪烁着一颗新星。为什么这么说呢？因为从少年时代起第谷便熟悉天上的星星，他清楚地知道这些星的位置和轨迹。他熟悉它们，就像熟悉小伙伴们的脸庞一样。更何况今天的这颗新星是那么明亮，甚至都有些耀眼。他认定这是一颗新星，它以前从来没出现过。为了得到这颗星的准确

第谷的天文台

作为开普勒的老师，第谷是望远镜发明以前最伟大的天文学家。他在丹麦国王腓特烈二世所赐予的纹岛上建立天文台，以精确地观察星空，所用观察工具是金属六分仪和四分仪。

数据，第谷使用了精心设计的六分仪却没能发现它有任何视差，如果是颗近地星就会有58′30″的视差，比如月球。他认为这是一颗从未出现过的恒星，于是给予了它相当的关注，并详细记录了该星的颜色和亮度的变化。这便是第谷超新星的发现过程。当时却有许多学者由于盲从《圣经》而把这颗星星称为魔鬼的幻影。

第谷在天文学界的另一突出贡献是对彗星的测定。那是在其发现超新星5年后的一个傍晚，第谷在纹岛的天文台发现了一颗彗星，并对其进行了详细的记录和精确的测量，直至75天后消失为止。第谷经过严密论证和推理得出结论：彗星发光是由阳光穿过彗头而致，彗星也是绕日公转的天体。第谷这次以不折不扣的事实驳斥了亚里士多德认为彗星是燃烧着的干性脂油的谬论。

30多年的时间里，第谷孜孜不倦地进行着他的天文观测事业，获得大量的第一手资料和手稿。期间他的敬业精神和出色业绩博得丹麦国王腓特烈二世的赏识。国王为他专门拨款修建了乌伦堡天文台，并配以最全、最新的观测仪器。这一切使得第谷如鱼得水，取得一系列观测成就，如编制第一份完整的天文星表，发现黄赤交角的变化和月球运动中的二均差，完成了对基督世界延用1000多年的儒略历的改历工作，颁行格里高里历法等。最重要的是第谷培养和造就了新一代的天文学家——开普勒。在老师的悉心教导下，开普勒创立了三大行星运动定律，为天文学做出了重大贡献。

第谷以惊人的毅力和一双锐眼把天文观测事业推向一个又一个的新高度，可以说在望远镜发明之前的天文观测史上，他是巅峰，难怪被人们誉为"星学之王"。

《论新天象》

《论新天象》是第谷的一部拉丁文著作，出版于1588年。这本书详细地记录了第谷11年间观测到的天文现象，其中包括对1577年大彗星的专门论述。总体上构筑了所谓的"第谷宇宙体系"，该体系最突出的一点就是抛弃了以前天文学家惯用的以思辨来阐述见解的方法。他强调以实际观测的数据作为论证的起点。第谷穷其一生进行天文观测，所得大部分资料都集中在《论新天象》一书中。美中不足的是，虽然第谷尊重事实，深入观察的做法为后来的天文工作者树立了光辉的榜样，但是他在该书中的理论仍然趋向于地心说。这一点在某种程度上束缚了天文学的进步。

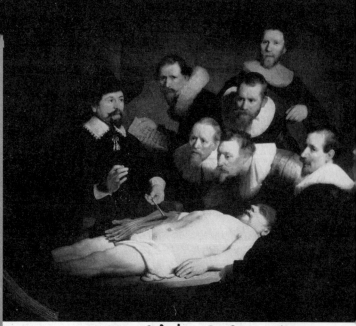

《人体结构》

维萨留斯的《人体结构》是自盖伦以来，西方解剖学上的又一个重大进展。它关于人体构造的一些论述对于今天的解剖学者而言仍有参考价值。

全书共分为八卷、第一、二卷论述骨骼和肌肉。这两部分构成人体的主体架构，所以要放在开始讲。第三卷细述了血液循环系统。当时人们已经区分了动脉、静脉的概念。维萨留斯则指出静脉是用来输送营养物质的。第四卷专论神经系统，在书中维萨留斯强调神经的作用是传递知觉和灵气，这一点他与盖伦保持了一致。第五卷则集中笔墨阐明了腹部的内脏器官和生殖器官的位置和功能，这一卷最能体现维萨留斯解剖真人尸体的优势。第六卷他又接着描述了胸部的脏器。第七卷则写了脑和眼睛的机理。第八卷讲了他的动物活体解剖实验并且总结了全书。除了正文之外，该书还附有 300 张木刻插图，3 张全身骨骼图和 44 张肌肉图，使此书增色不少。

《人体结构》内容翔实而生动，是一本不可多得的杰作。惠特曼曾说："这（《人体结构》）不是一本书，触及它即触及人体。"

维萨留斯
Vesalius stole corpses to dissec
偷尸做解剖

科学每前进一步都需要有人为此做出努力，付出代价，解剖学亦不例外。16 世纪比利时著名的解剖学家维萨留斯就为了做解剖而干起了"偷尸的勾当"。

事情还要追溯到 1536 年，当时年仅 18 岁的维萨留斯在比利时的卢万城读书，学的是解剖学。这个医学院的解剖课倒是蛮有意思，名义是解剖但任课教师从没亲自解剖过一具尸体。那也得想办法对付过去，于是就以背诵盖伦的论断代替动手操作。这位盖伦又是怎么做的呢？他也碍于教会的禁令而不敢解剖人体，以猪、狗、牛、羊等代替，而这些动物的身体构造肯定是跟人有显著差别的。认真的维萨留斯觉得这既荒唐又可笑，简直是对科学事业的亵渎。久而久之，他萌发了偷尸做解剖的想法。

当时，卢万城有一处刑场，全国各地的死刑犯都集中到这里被处决。由于中世纪黑暗的教会统治，人们的反抗此起彼伏。为了加强镇压，教会和行政当局每天都要处死一批犯人。而且当时采用的是绞刑，因此尸体较为完整，便于解剖观察人体的各部分脏器。只是布告上写得明明白白：盗尸者，就地处决！如果偷尸被抓住，自己也就会同那些死尸一样挂在绞架上随风飘摆。可是，已被科学摄去灵魂的维萨留斯也顾不上许多。经过一番周密部署，他终于大着胆子在守尸卫兵的眼皮底下偷走几具尸体，其中有男人、女人、老人和孩子等各种类型的尸体。他把这些宝贵的尸体停放在自己院子的地下

室里，那里十分隐蔽，做解剖时不易被人发现。日久天长，这里停放的尸体越来越多，成了一座小的停尸库。这大概是人类有史以来第一座医用解剖尸库。

有了这些真实的尸体作为实验对象，维萨留斯再也不用拿动物当人体了。他一有时间便关上门溜进地下室去解剖那些尸体，并作详细的记录，有时他还绘图描述人体的骨骼和肌肉的分布状况。

功夫不负有心人。维萨留斯经过不懈努力，逐渐积累了大量的第一手解剖资料，通过对这些资料的加工整理，

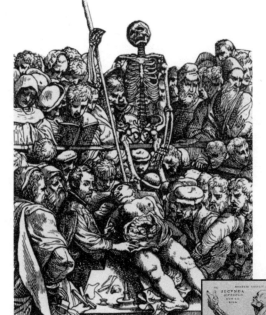

1543 年，维萨留斯发表《人体结构》时公开演讲的场面。

《人体结构》中描绘的肌肉解剖图

1543 年维萨留斯写成《人体结构》一书。书中不仅对人体的骨骼、肌肉和内脏作了详细的描述，还指出了盖伦人体解剖理论的 200 余处错误，他甚至把盖伦的文献当众抛向空中，并说它是一堆废纸。他曾指着一个解剖标本，语重心长地对学生说："真正的知识在这里！"有人说维萨留斯太刻薄，殊不知这正是科学进步所需要的精神。

维萨留斯冒着生命危险，偷尸做实验，获得了真知，为医学做出了巨大贡献，因此也赢得了人们的尊敬。当局也逐步认可了维萨留斯的做法，于 1539 年批准了他用死刑犯的尸体做解剖实验。从此以后，维萨留斯在这一领域获得了长足的进步。

比萨斜塔
The experiments on the top of Pisa Tower
上的实验

43岁时的伽利略
此时的伽利略已取得了多项科研成果，但由于教会的阻碍，他还没得到社会大众的认可。

实践出真知，谁要是违背了这条真理，谁就注定要在科学面前栽上一个大跟头，哲学大师亚里士多德都不能例外。

原来，古希腊著名的哲学大师亚里士多德曾做出这样一个著名论断：两个铁球，如果其中一个是另一个重量的10倍。然后两个铁球在同一高度同时落下，那么重的铁球落地速度必然是轻的铁球的10倍，这话并不难理解：重的物体当然比轻的物体先着地，这还用问吗？而且这话是大师说的，人们对此深信不疑。而一个十七八岁的毛头小伙子偏不信这一套，招来人们一阵又一阵的冷嘲热讽。

这个毛头小伙子就是18岁的伽利略。他经过多次实验发现亚里士多德的说法是不对的，但当时没有人相信他，1590年的一天，伽利略当众宣布自己要检验一下圣哲的话是否正确。这天天气格外晴朗，好像老天也要见证一下这个历史时刻，地点就选在著名的比萨斜塔。消息传出，人们奔走相告。时过不久，比萨斜塔周围便密密麻麻地挤满了人，就像今天的某种大赛事要开场一样。人们要亲眼看看大师的话到底对不对。

伽利略带着他的助手，信心十足地步入斜塔，然后快步走上塔的最高层。他环视四周，人们的面孔有的充满惊奇，有的则略带嘲讽，还有的漠然以待。伽利略不慌不忙将器具一一取出。这些器具包括一个沙漏（用于计时），一个铁盒，底部可以自动打开，还有两个分别重为10千克和1千克的铁球。伽利略的助手将这两个铁球装入盒子，然后将盒子水平端起，探身到栏杆的外侧。最后由伽利略在众目睽睽之下按动按

伽利略发现钟摆的等时性原理

伽利略18岁那年的一天，他在教堂里祈祷完之后，就坐在长凳上看远处的景物。他的视野中浮过雪白的大理石柱、美丽的祭坛……突然，教堂的执事进来破坏了沉静的氛围。原来他是来点教堂的灯，这种灯是用长绳系在天花板上的。当这位执事点灯时，不小心碰动了它。借助惯性，吊灯就一左一右地摆个不停。这时，伽利略的注意力又转移到灯上。目光随着吊灯左右摆动。突然，伽利略发现一个有趣的现象。那就是，尽管吊灯摆动的幅度越来越少，但完成摆动周期所花的时间始终未变（当时他测定时间是靠脉搏的频率）。伽利略由此发现了钟摆的等时性原理。

太阳系各成员示意图

今天我们已经知道太阳系有九大行星。但在伽利略的时代，人们只知道其中的六颗，而且仅仅知道其名称而已，很多人根本无法进一步了解其真实情况。伽利略为人们打开了了解这些行星的大门。

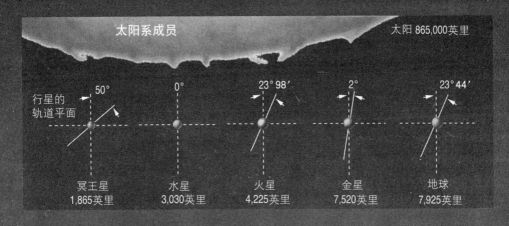

太阳系成员　　　　　　　　　　　　　　　　太阳 865,000英里

行星的轨道平面

50°	0°	23°98′	2°	23°44′
冥王星	水星	火星	金星	地球
1,865英里	3,030英里	4,225英里	7,520英里	7,925英里

自由落体实验

1590年，意大利著名科学家伽利略在比萨斜塔上做了著名的自由落体实验，它以铁的事实告诉人们：物体下落的速度与物体本身的质量大小无关。

钮，盒子的底部自动打开，两个铁球同时从盒中脱落，自由落向地面。这时成千上万的人全都屏住呼吸，目光随着铁球向下移动，在铁球从铁盒落到地面的短暂间隔中，人群异常安静，地上连掉一根针都能听到。只听"咚"的一声，两个铁球同时砸到了地面上，时间不差分毫。平静的人群立即沸腾了，有的人对着塔上的伽利略欢呼，有的人惊得合不拢嘴，那副神情分明在说："我的上帝，亚里士多德大师也有错的时候！"伽利略则浑身轻松，心满意足地微笑着。

自由落体实验在人们的一片沸腾声中结束了，亚里士多德的"落体运动法则"不攻自破。可敬的伽利略并没有为这点小小成绩（在他看来，这仅仅是一点小小的成绩）而飘飘然，从塔上下来后，他就投入到新的科学研究中。

凭着这种追求真理、尊重实践的科学精神，伽利略又接连做出一系列的重大发现。他发现了摆的等时性原理，从而发明了钟表；他在李希普发明望远镜的基础上发明了放大20倍率的天文望远镜。他著有《论运动》、《关于托勒密和哥白尼两大世界体系的对话》、《关于两种新科学的对话》、《关于太阳黑子的通信》和《关于力学和位置运动的两种新科学的对话和数学证明》等科学专著。伽利略为科学事业做出巨大贡献，被称为近代自然科学的奠基人。

伽利略改进望远镜

1608年，有一位荷兰的光学家，无意之中将两张玻璃片组合起来，竟能将远处的景物看得好像就在眼前一样。这项惊人的发现，立刻吸引了伽利略的注意。根据他的推想，望远镜的两个透镜必须一个是凸透镜，一个是凹透镜。于是，他成功地制造了一个能放大两三倍的望远镜。之后，伽利略经过一次又一次的改进，最后制造出一架可以放大32倍的望远镜。他送了一架给威尼斯的市议会，市议会对他的成就非常赞赏，不得不对这位杰出的物理学家刮目相看，立刻决议增加他的薪水，并且承认其地位，这是许多教授梦寐以求的。

在一个晴朗的夜里，伽利略用望远镜去观察月亮。那时候，人们依照亚里士多德的学说及《圣经》的教义，认为月亮是完美无缺的，表面是完全光滑的银白色。可是伽利略透过这支简陋的望远镜，发现月亮和地球一样，有高山也有深谷，既不平滑，也不光洁。他又用这架望远镜去看银河，发现银河竟是由无数的小星球组合而成。因为有的星球离开地球太远，若不借助望远镜，便无法看得真切。

李普希
Lippershey invented telescope
发明望远镜

望远镜的类型

根据制作原理和使用方法的不同，望远镜一般分为：折射望远镜、反射望远镜、射电望远镜等多种类型；根据成像原理又可以分为：普通、红外、夜视等多种；根据位置不同可分为地球望远镜和太空望远镜。

许多孩子都喜欢一种玩具，那就是望远镜。因为架一副望远镜在眼前，世界会一下子变近了，孩子的脸上立刻现出神气十足的样子。可你知道是谁家的孩子最先"神气"的吗？

这些幸运儿是李普希的孩子们。事情发生在 17 世纪初的荷兰。那时眼镜和凸（凹）透镜对人们已不再是什么稀罕物件了，眼镜店也布满了大街小巷。在小镇米德尔堡的集市上就有一家眼镜店，主人叫李普希。生意并不是很红火，以至于给自己的孩子买不起一件像样的玩具。但孩子是不能也不会没有玩具的。这在哪里都一样，穷人家的孩子没有专门的玩具，但家具什物，父母的工具，甚至是一堆土，一汪水都是他们最好的玩具。他们可以将这些最平淡无奇的东西玩得热火朝天，玩得大汗淋漓，他们乐此不疲，这是天性使然，李普希的孩子也是这样。

1608 年的一天，他的三个孩子拿着几块废旧的镜片比画着，翻过来调过去的这儿照照那儿看看，有时还把几块镜片叠在一起透过去看。突然，小儿子向正在店里打理生意的父亲大喊："爸爸，快来看呀！"李普希听到喊叫声，

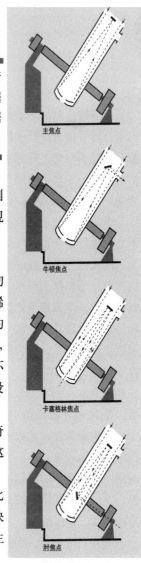

主焦点

牛顿焦点

卡塞格林焦点

肘焦点

反射型的焦点系统

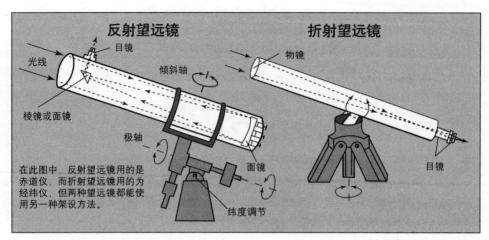

反射望远镜　　　　　折射望远镜

目镜
光线
倾斜轴
物镜
棱镜或面镜
极轴
面镜
目镜
在此图中，反射望远镜用的是赤道仪，而折射望远镜用的为经纬仪，但两种望远镜都能使用另一种架设方法。
纬度调节

两种不同类型的望远镜

以为又是被镜片割破了手指，赶忙从店里奔出来。可等他看到孩子们还在那里比比画画，感觉不对劲。等到了近前，小儿子连忙得意地一手拿一块镜片得意对他说："爸爸，你透过这两片玻璃看远处的教堂！"李普希以为他又在搞恶作剧，但还是下意识地俯下身去。当他的眼睛透过一前一后两块镜片看远处的教堂时，教堂顶上的风向标是那样的清晰，好像一下子被拉到了眼前，李普希为此惊讶不已。消息不胫而走，没过几天，整个小城几乎人手一副镜片看看这儿，望望那儿，好像人人都成了科研工作者似的。

极富商业头脑的李普希比一般人想得更远。他找来一根长约 15 厘米，直径约为 3 厘米的金属管，又做了两块口径相当的凸透镜和凹透镜，一前一后固定在金属管两端。一副简陋的望远镜制成了。李普希想，这一定是件新奇的玩具，细心地他还为此申请了专利保护。

在他申请专利时，引起了荷兰政府的注意。这群正在谋求海上霸权的野心家可

没有把这项发明仅仅看作是一件玩具。他们在批准李普希专利权的同时，就责成他为海军赶制一批更为方便实用的双筒望远镜。这可是一笔不小的订单，李普希欣然受命。最初的折射式望远镜就这样诞生了，并且很快投入到应用的领域。

从此以后，荷兰人像得到一件法宝一般，对于望远镜的制作工艺严格保密。可世界上哪有不透风的墙？更何况望远镜原理简单，而用途又如此之大。首先是意大利的那位天文怪才伽利略，他在望远镜发明的第二年就照猫画虎地制造了一部天文望远镜。开始是 3 倍的，后几经改进倍率达到 30 倍。伽利略用它来观察了月球的表面和木星的卫星，在天文观测领域又迈进了一步。60 年以后，牛顿又在折射式望远镜基础上制成了第一架反射式望远镜。之后望远镜不断发展，现在的射电天文望远镜能看到 200 亿光年外的宇宙空间甚至更远。

总之，望远镜的问世，使人们真正拥有了一双仰望太空的"千里眼"。同时，望远镜也大大开阔了人们的视野。

H哈维
arvey and blood circulation
与血液循环

　　科学每进一小步，都需有人艰苦卓绝地努力付出惨重的代价，有时甚至是鲜血和生命，比如布鲁诺、维萨里、塞尔维特等几位。同他们相比，我们今天要讲的哈维要幸运得多。

　　威廉·哈维（1578～1657）出生在英国肯特郡的一个富裕家庭，早年毕业于剑桥大学，后留学意大利获医学博士学位。他在治学方法上受伽利略的影响，强调实验的作用。

　　哈维的主要贡献是正确地解释了血液循环系统。他首先系统地研究了前人的成果。这还得从博学的亚里士多德谈起。这位先哲说人体的血管内充满了气体，人们竟信以为真，可见盲听盲信有多危险。接下来便是公元前 3 世纪的古希腊医生——赫罗菲拉斯，他把静、动脉血管区分出来，有一定的积极意义。而到了公元前 2 世纪，名医盖伦毫不客气地否定了亚里士多德的谬论，指示血管中流淌的是血而不是其他。之后便是达·芬奇、维萨里、塞尔维特等人的一系列成果。对于前人的宝贵遗产，哈维在继承时总要多打几个句号：血液真的是流到人体四周就消散了吗，那又是怎样消失的呢？

　　带着这些问题，哈维开始了他的实验。先是用的兔子和蛇，之后又扩展到其他 40 余种动

哈维为查理一世阐述血液循环的机理
哈维发现血液循环的机理后，很多人并不相信。作为皇家医生的他经常给国王查理一世讲有关血液循环的道理。

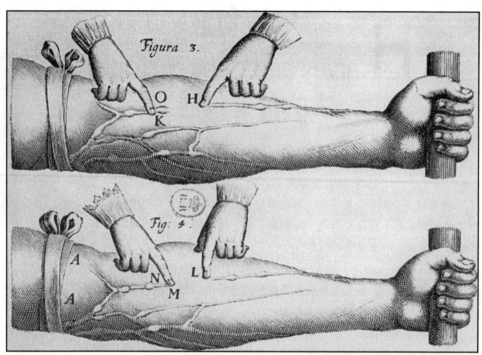

Figura 3.

Fig: 4.

人体血管

在《心血运行论》里的一幅图解中，哈维通过显示瓣膜如何阻止静脉中的血除了流向心脏之外还流向其他的方向，确立了血液循环理论的一个组成部分。胳膊被捆绑着。因此静脉显示了出来，极小的隆起就是瓣膜。

物。在解剖这些活体动物之后，他发现心脏的作用就像一个水泵，它专门输出血液，这些血液凭借其收缩压力流遍全身。这时他又产生了第二个疑问：心脏中的血液又是从哪儿来的呢，是自己造出来的吗？如果是，那么又与如下事实相矛盾：心脏每分钟跳动在 60 ～ 70 次之间，每搏输出血量为 60 ～ 70 毫升，如此算来心脏每分钟需制造约 4.5 千克的血液，每小时则约为 272.2 千克。而这个重量相当于三个身材高大之人体重的总和。拳头大小的心脏具有这样的力量吗？即便是有，也还有一个问题不能解释，那就是因创伤失血过多的人为什么会很快死去？既然心脏有如此强大的造血机能，情况不应是

《心血运行论》

《心血运行论》是对哈维血液循环理论的总结和概括，全书共分为 17 个章节。该书于 1628 年出版。

这本书一开始就谈到，心脏是人体血液流通运动的本原与中心。血液通过心脏收缩的动力，经动脉流到全身，再通过静脉回流心脏。接着哈维写到，全部血液必须经过肺部才能从心脏的右边流到左边，并指出心脏是肌肉质的，主要运动方式是收缩。哈维论述并论证了血液在身体内不断循环的概念，这在当时是一个全新的概念。

哈维这部著作曾引起了社会各界激烈的争论，但其意义非同小可，并且很快应用于临床，如解释动物咬伤的伤口感染，以及毒性的扩散等。

这个样子。

通过进一步研究，哈维终于发现：心脏本身不具备造血机能，而仅仅是一个中转站和动力站而已。血液被心肌压出，沿动脉血管流向身体各个组织、器官，之后再经静脉管回流心脏，周而复始，循环往复。这就是著名的哈维血液循环理论。为了证明这一理论的正确性，哈维又进行了相关实验。他请一些体型较瘦的人作为实验对象，先把他们的静脉扎紧，结果近心端的血管瘪了下去；然后再扎起动脉，却发现近心端的血管膨胀起来，而远心端的血管瘪了下来。这充分说明：血液从心脏流出，经动脉到达全身处后，又从静脉回流心脏。

尽管哈维的科学结论有充分的事实依据，可还是没有被当时学术界、医学界、宗教界的认可，甚至遭到非议和攻击。只因为他的观点与权威理论不符，他的血液循环专著《心血运行论》被称为荒谬的言论，无稽之谈。不过还好，因为他的御医身份，教会虽然气恼，却也奈何不了他。

直到哈维死后数年，他的血液循环理论才被认可，其《心血运行论》一书被称为近代生命科学的发端。

哈维利用临床观察、尸体解剖，再加上逻辑分析和生理测试，从各个方面证明心脏是一个可以泵出血液的肌肉实体。哈维的主要著作有《论动物的生殖》和《心血运行论》。

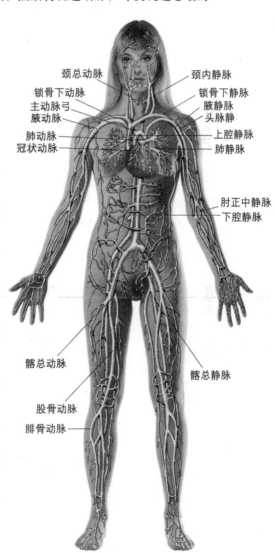

颈总动脉　　　　　　颈内静脉
锁骨下动脉　　　　　锁骨下静脉
主动脉弓　　　　　　腋静脉
腋动脉　　　　　　　头脉静
肺动脉　　　　　　　上腔静脉
冠状动脉　　　　　　肺静脉

肘正中静脉
下腔静脉

髂总动脉　　　　　　髂总静脉

股骨动脉
腓骨动脉

人体血液循环示意图

开普勒
Karpeles and planetary motion
和行星运动

开普勒的理论说明了太阳系真正的几何形状。

开普勒作为"天空的立法者"闻名于世，他怎能为天空立法呢？原来是他发现了行星的运动规律。

命运似乎要捉弄一下这位"立法者"，使他一生贫病交加。而开普勒却对命运之神的嘲弄不屑一顾，死心塌地地跟定了天文学，尽管大学期间他读的是文科。

开普勒开始热心于哥白尼的学说，但并不迷信权威，而是长期坚持天文观察、记录、思考，并仔细演算观测所得数据。一段时间以后，他发现行星的运动好像并不是规则的匀速圆周运动。这一结论根据实际观测数据得出的，他决心弄个究竟。

开普勒是公认的数学天才。在解决行星轨道问题时，他首先想到是数学。而在这方面，古希腊人早就有过关于天体轨道正多面体的猜想。开普勒循着这个思路发现，在包容土星轨道的天球中内接正六面体，木星的轨道恰好外切于这个六面体。其他的行星如土星、火星的轨道都具有类似的特点，只是内接的多面体形状不同罢了。他将这一思路充分展开，又进一步加工整理后写成《神秘的宇宙》一书。这本书虽然仅是对天文学的初探，略显幼稚，却展现了作者天文学方面的天赋和潜力。当时著名的天文学家第谷看到了这一点，主动邀请

开普勒

这个年轻人做自己的助手。

自从来到了第谷主持的布拉格天文台之后，师徒二人相得益彰，共同开展了许多研究项目。可不久第谷便辞世了。所幸的是第谷临终向鲁道夫二世推荐了开普勒，使他得以继续在天文台工作。开普勒在第谷奠定的基础上继续探索行星的轨道。他渐渐发现，要测定行星的轨道只靠太阳和行星本身的位置是不

够的，有必要找到第三个点作为参考点。他选定的这个点是火星，而火星的公转周期为1.8年。开普勒根据对太阳与火星的位置变幻规律，运用三角定点原理把地球的轨道勾勒了出来。接着他又借助关于地球的资料，描绘了其他行星包括火星的运行状况。开普勒在综合分析了所有这些行星的轨道特点后发现：行星的运行轨道不是正圆，而是椭圆形；其运动速度也不是匀速，而是跟到太阳的距离有关。在他1609年出版的《新天文学》一书中给出了两个行星运行定律。

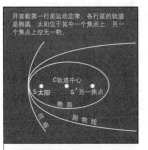

开普勒第一行星运动定律，各行星的轨道是椭圆。太阳位于其中一个焦点上，另一个焦点上空无一物。

天体力学中的开普勒第一定律

开普勒第一定律：所有的行星都分别在大小不同的椭圆轨道上围绕太阳运动，太阳在这些椭圆的一个焦点上。这一定律指出了行星一切可能的位置，这些位置的集合便形成了其轨道线。

开普勒第二定律：行星与太阳的连线在相等的时间里扫过相等的面积。该定律归纳了行星运行中速率改变的规律。根据这一定律，我们可以测定各个时刻行星所处的确切位置。

开普勒第二定律，行星绕日运行时，行星对日连线在相等进间内扫过相等面积。

相等面积
太阳

天体力学中的开普勒第二定律

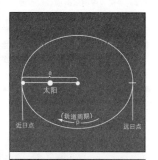

太阳

（轨道周期）

近日点　远日点

天体力学中的开普勒第三定律

开普勒于1619年又出版《宇宙谐和论》，这本书中他给出了第三定律：行星公转周期的平方与它距太阳距离的立方成正比。

三大定律的完成，宣布了开普勒天文学体系的成熟，使人们对于行星的运动规律有了一个较为全面的理解。他开创了天文学发展的新阶段。

《宇宙和谐论》

《宇宙和谐论》是开普勒晚期的重要著作。全书分为五卷，255页。该书的第一卷讲了多边形的几何学，他曾用多边形诠释行星轨道，不过在此仅仅从其结构的角度进行了剖析。第二、三卷，研究对象从多边形过渡到了多面体，着重分析了多面体占据空间的大小与相应多边形面积的关系问题。第四卷，则带有明显的占星术色彩。在这一卷中他写：道黄道是人类灵魂的投影。每当黄道上出现圣物……人类的灵魂就会产生一些兴奋点，每个人出生时行星的位置排列特点都将影响其一生。第五卷他才又回到唯物的天文科学中，这一卷中集中讨论了行星运行过程中距离、速度、偏心率等问题。著名的开普勒第三定律也在这一卷给出。

开普勒的《宇宙和谐论》不仅是一部自然科学著作，它在哲学上强调宇宙、人类社会应保持和谐稳定的观念也有很积极的社会意义。

马德堡
Hemisphere Experiment in Magdeburg
半球实验

奥托·格里克生平

　　1692 年 11 月 20 日，奥托·格里克出生于德国马德堡市，18 岁考入赫尔莫斯特大学。接下来的两年他去耶那学习法律。之后又去了荷兰的莱顿继续深造，同时开始关注数学等自然学科。后来格里克又游历了英法等国。1626 年重回德国，并当选马德堡市参议员。战争期间，他以工程师的身份为瑞典政府服务。家乡光复后，格里克回到那里并于 1646 年当选马德堡市长。任职期间，仍不遗余力地进行科学研究，且成果很多。他发明了真空泵和摩擦发电机，并于 1654 年主持了著名的马德堡半球实验。

　　1681 年，格里克宣布退休，然后移居汉堡安度晚年，直至 1686 年 5 月 11 日去世。

　　科学总是在人们的一片惊呼声中前进，空气压力的证明即是如此，它是通过著名的"半球实验"完成的。

　　主持这项实验的人名字叫奥托·冯·格里克，他于 1602 年出生在德国名城马德堡的一个富裕家庭。此人天资聪明，15 岁便考入著名的莱尼兹大学学习文科。但数学、物理等自然学科好像对他更有诱惑力，

他热衷于科学实验，甚至一度赴英、法等当时被认为较先进的国家专门学习自然科学。三年以后才又回到了马德堡。由于格里克本人知识丰富，工作勤勉，于 1646 年当选为该市市长。在成为市长后，他仍旧兢兢业业地工作，为当地人谋福利。

　　尽管格里克政务繁忙，但仍然抽空继续在自然科学领域进行研究，尤其是在真空领域。几经探索，他发明了抽气机。在抽气机的帮助下，格里克又完成了一系列的真空、大气压强的实验。其中就有最著名的马德堡半球实验。

　　显然格里克生活的年代，人们已有了一定的近代自然科学知识，但对于格里克描述的强大的大气压力仍是将信将疑，议论纷纷，甚至有人公开说他在吹牛。

　　为了使人们对大气压强有个更明确的认识，格里克决定做一次公开实验，向公众证明自己学说的正确性。事先，格里克做了充分的准备：他先命工匠铸造了两个空心

的铜制半球。这两个半球直径超过 1 米，异常坚固，边缘也非常平滑，为的是两半扣在一起不泄漏空气而且禁得住拉拽。此外还有从马车行里特地挑选的壮马。

一切就续以后，格里克于 1654 年在马德堡市市政中心广场进行了这次实验。他先命人将马匹分成均匀的两组，每一组集中拴在一个铜半球后面。然后将两半球紧密接合在一起，严丝合缝。再用准备好的抽气机将球内的空气抽净。最后号令员一声令下，两组马匹向相反的方向奔去，将拴在马匹与铜球之间绳索绷紧、绷紧、再绷紧，最后只听见绳索发出咯吱咯吱的响声，马蹄踏地的咚咚声，还有马粗重的喘气声，而铜球却如同铸死一般，两个半球始终紧密接合，纹丝不动，直到 16 匹马大汗淋漓，四腿乱颤依然如故。看热闹的人们见状吃惊不小，一个个嘴巴张了多大合都合不拢。一声哨响，实验圆满结束，其结果与格里克说的分毫不差。呼喊的人群扑向格里克，将其高高地举过头顶。

格里克胜利了，他向人们成功展示了科学的伟力，赢得了人们的尊敬。后来人们称这两个金属半球为"马德堡半球"。

马德堡半球实验图

格里克对真空的研究

1647 年，格里克制造了一个空吸泵，空吸泵由一个圆筒和活塞组成，圆筒上带有两个阀门盖。格里克想用这个装置抽出密封啤酒桶中的水从而得到真空。可是，当他用这个装置抽出木质啤酒桶中的水时，听见了笛声噪音，说明空气进入了啤酒桶。格里克又把啤酒桶放在一个大的盛水容器中密封起来重新进行实验。当他把啤酒桶中的水抽出时，大容器中的水又渗进了啤酒桶。

为了解决渗漏问题，格里克让人做了一个底部带孔的空心铜球进行实验，当他让工人从球中抽出空气时，铜球随即塌瘪了。为了获得真空，格里克坚持研究，他终于发明了真空泵，用真空泵做实验他获得了成功。格里克做了许多关于真空的实验：他把钟放到真空中，发现听不到钟的声音；把火焰放在真空中，发现火熄灭了；把鸟和鱼放在真空中，发现它们都会很快死去；把葡萄放在真空中发现能够存放较长的时间等。

格里克在实验过程中发现，无论抽气口放在铜球的哪个位置，在抽气过程中，容器中的残留空气都分布于铜球的整个内部空间。由这一现象他发现了空气具有弹性。由这个重要结果出发，他研究空气密度随高度的变化并得出结论，空气密度随高度而减小，由此他推理大气层以外的空间是真空的。他还通过实验研究空气做功等。

P帕斯卡
Pascal and Pascal law
与帕斯卡定律

赌徒和概率论

一名赌徒在夜以继日的赌博中发现一个非常难缠的问题，他问帕斯卡："两个赌徒相约共赌若干局，其间谁先赢够S局结果就算谁赢，可现实的情况是第一个人很快赢了A局（a＜s），而第二个人赢了B局（b＜s），谁都没赢够S局。但由于某种外在原因，赌博被迫终止，这时赌本应当归谁所有呢？"帕斯卡在拿到这个问题思考了一段时间后就请他的朋友费马帮忙。后来荷兰的惠更斯也加入了解决这个问题的行列，三个人同心协力奋斗了三年多，于1651年将这个难题彻底解决，并写成《论赌博中的计算》一书公开发表。从此，数学研究领域出现一个新的分支——概率论。

静止流体中任一点的压强各向相等，即该点在通过它的所有平面上的压强都相等。这就是名噪一时的帕斯卡定律，该定律以其发现者名字命名。与这条定律同样出名还有帕斯卡本人。

帕斯卡，全名布莱斯·帕斯卡，1623年出生于克勒加菲朗。自幼聪明伶俐，善于思考，被称为神童。16岁的帕斯卡就参加了巴黎数学家和物理学家小组（法国科学院的前身），一度成为新闻人物。17岁时，他就发表了《圆锥截线论》一文，在文中他提出了帕斯卡定理：在圆锥曲线内接六边形，其六对边六交点共线，此书的数学水平之高令笛卡尔都难以置信。

这些成就在旁人看来已经很了不起了，但帕斯卡并不满足。之后他又专注于大气压强和流体力学方面的研究。帕斯卡在这一领域的研究也是基于前人的基础。1643年，托里拆利用水银证实了大气压强的存在，并测定了其具体数值。帕斯卡在这方面也投入很大精力。在1646年和1647年两年的时间里，他反复做着如下的实验，即把几根长数米的各种形状的玻璃管固定在船桅上，然后分别在不同的玻璃管中加注水和葡萄酒，再将管子倒置固定。结果发现水的液柱要比葡萄酒的高，这是由于水的密度小于葡萄酒的密度。此实验证明了大气压强的存在，其对液柱底面所成的压力与液柱自身的重力相等。

此外，帕斯卡还组织了不同海拔高度条件下的类似实验。如在1648年他让自己的妻弟佩里埃把气压计带到了多姆山上测量那里的大气压。结果发现随着海拔高度的增加，大气压强逐步变小，通过不同天气条件下的实验，帕斯卡还发现大气压与天气有很大的关系。

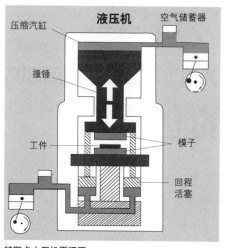

液压机

压缩汽缸   空气储蓄器

撞锤

工件   模子

回程活塞

帕斯卡水压机原理图
操作时，用活塞推动两个压板平台来锻造铸件。

在一系列关于大气压强的实验中，帕斯卡逐渐总结出：处于气体（或液体）某一深度的点所受的由于气体（或液体）重量所产生的压强仅仅与这个点所在的深度有关，而与方向无关。这就包含了帕斯卡定律的基本内涵。

通过进一步的液体实验，他更加充分的证实了这一点。实验是这样设计的：取一个大木桶并在其中灌满水，之后将其密封，只在封盖上开一小孔，然后拿一根细长的管子插入小孔，管子的粗细要与小孔直径相当，保证插入后小孔和管子之间没有丝毫缝隙。之后把管子向上拉直，在顶端灌一杯水。由于管细，一杯水就可使管中水面骤然升高，这时奇迹发生了，桶内压强急骤升高，桶壁不负重物，水就四散溅开。

这一实验进一步解释了帕斯卡定律，即在流体（气体或液体）中，封闭容器中的静止流体某一部分压强发生变化，这一变化将会毫无损失地传至流体的各个部分和容器壁。帕斯卡还在《液体平衡的论述》一文中讲到该定律的应用价值。一个上端有两个开口的容器，其中一个开口面积是另一个的 100 倍，在容器中注满水，再往每个口插入大小合适的活塞，当一个力压小活塞时，就会在大活塞一端产生相当于这个力 100 倍且方向相反的压力。根据这一力学原理，帕斯卡就发明了注射器和水压机。这两者分别在医疗领域和工业领域起着举足轻重的作用。

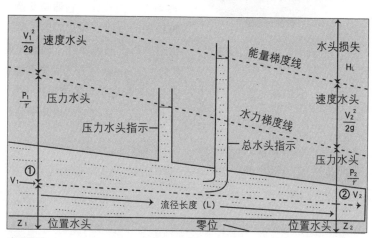

水压图示
此图形象地展示了流体在封闭的容器中压强发生变化的情况。它有力地证明了帕斯卡定律的正确性。

科学化学
The foundation of scientific chemistry
的创立

波义耳
英国科学家和哲学家，对分析化学做出了突出贡献。

科学家从来就不是什么先知先觉，科学的进步是靠偶然性来推动的。这话不无道理，科学化学的创立就是明证。

一束淡雅的紫罗兰推动近代化学向前迈了一大步。300多年前的一天，园丁送给波义耳一束紫罗兰。波义耳顺手将它放在实验台上，可过会儿一不留神将盐酸溅到了可爱的花瓣上。他正要将其丢掉，却猛然发现紫罗兰的花朵竟变成了红色。这引起科学家的思考：既然盐酸能使紫罗兰变红，那么其他的酸或许也能，经实验证明确实能。

这回波义耳更来了兴趣：紫罗兰遇酸变红，遇碱呢？一检验，它遇碱变蓝。之后，他又用许多种植物的浸出液做相同的试验。最后发现地衣类植物中的石蕊遇酸变红、遇碱变蓝的效果最为明显。从此，石蕊试液就作为固定的酸碱指示剂。直到今天，我们在实验室中和工农业生产各领域仍大量应用这一发现。

在发现石蕊试纸过程中，波义耳充分利用化学分析的方法。事实上，

《怀疑派化学家》

这是波义耳1661年完成的著作。在这本书中他明确提出了化学的研究对象、研究方法及他的物质观，标志着化学成为一门独立的科学学科。《怀疑派化学家》的一大特点是全书使用了对话的形式，其中有逍遥派化学家，主张亚里士多德的四元素观点；有医药派化学家，持三元论观点；有哲学家，在争辩中保持中立；还有作者自己代表的怀疑派化学家。四方都坚持己方主张，相互之间展开激烈地争辩。通读全书，怀疑派化学家对旧理论的批判，对元素内涵的最新认识都阐述得明白无误，最终凭借无可争辩的事实取得了决定性的胜利。

正是波义耳将这一方法引入化学研究领域的，化学分析运用的最显著成果还在于由此确立的"不可分元素说"。

早在 2000 多年前的古希腊哲学家就提出四元素说，即水、空气、火和土，还有后来医药化学家派提出的"三元素说"，直到被称为怀疑派化学家的波义耳否定。波义耳对化学元素的定义做了现代意义上的表述，他说：我说的元素的定义和那些讲得最明白的化学家们所说的元素定义相同，是指某种原始的、简单的、一点杂质也没有的物质。元素不能由任何其他物质构成，亦不能彼此相互形成。元素是直接构成所谓完全混合物（化合物）的成分，也是完全混合物最终分解成的要素。从这句话可以看出，他所说的用化学方法不能再分解的物质即为元素，与今天科学的元素概念十分接近。

波义耳为元素下的定义对于化学从炼金术中脱出，独立发展成为一门科学起了至关重要的作用。他第一次明确了化学自己的任务，并指出化学的基本研究方法为定性分析法，使化学最终踏上唯物主义的道路。

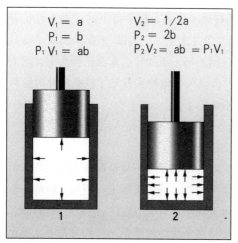

波义耳定律示意图

在图中，最初的压力是a，体积是b，当体积变为原来的一半，压力就会增加2倍，而它们的积恒为ab。

波义耳还身体力行地进行实验研究，一生做了大量试验，直至 1691 年逝世前仍致力于科学试验。他一贯强调只有实验和观察才是科学思维的基础。除了对指示剂的研究，他还定义了酸和碱，将物质分为三大部类，酸、碱、盐，并首创众多定性检验盐类的方法，如利用盐酸和硝酸盐溶液混合生成白色沉淀物的性质来检验盐酸和银盐。波义耳的这些发明已过去 300 多年，但今天我们仍在用它们。1985 年，波义耳将这些方法整理成《矿泉水实验研究史的简单回顾》一书，他不愧为定性分析的先驱。

波义耳对科学的另一重大贡献是：反对宗教与科学的完全对立。1655 年，波义耳来到当时的科学圣地——牛津，发现那里科学与宗教对立的空气极为紧张，就发出了"人的得救不是靠反对什么，而是靠接受上帝白白的恩典。只要你肯，仍然可以在科学里爱上帝，敬拜上帝"的响亮号召。这一宣言使很多人的思想偏差得以扭转，从此清教徒科学家和基督徒科学家携手并肩共同把近代科学推向前进。

波义耳对科学事业尤其是化学的杰出贡献赢得了后人的尊敬，他也由此得到了"化学之父"的美誉。

牛顿
Newton and the law of gravit
与万有引力定律

1665 年的夏天，伦敦城里发生了大瘟疫，而英格兰的沃尔斯索普乡下依然平静如常。一处不大的农家小院，院角几株多年的苹果树在习习的晚风中轻舞，树叶簌簌飒飒地撩拨着。房间里昏黄的灯光依旧亮着，一切静谧、安详。忽然，"咚"的一声闷响打破了沉寂，屋中灯下的读书人赶忙开门冲了出来，四周张望并未见一个人影，正在纳闷儿，"咚！"又是一下子，这回不巧，不知什么东西正砸头上，这人顿感一阵眩晕。良久，他抬头看见了枝头树叶时隐时现的苹果，不觉笑了。

"你道这人是谁？他便是大名鼎鼎的艾萨克·牛顿，伟大的……"

"哦，明白了，不就是那个英国的物理学家牛顿吗，被苹果砸了一下头，脑筋一转就发现了万有引力定律。这也是命该如此，要是那个灵性的苹果正打到我头上，我也不一样琢磨出个把定律来吗？"

可笑，这种人只知牛顿被苹果砸了头，却不知背后牛顿的才智和努力。

牛顿 1642 年生于英格兰贝蒂林肯郡的农民家庭，幼年经历坎坷。他 19 岁考入剑桥大学特里尼蒂学院，23 岁获得文学学士学位。是年 6 月，由于躲避瘟疫回到乡下，直至 1667 年重回剑桥大学。两年时间里，构思了经典力学、微积分和光学等学科的思想，1668 年牛顿获硕士学位，第二年被破格提升为数学教授，年仅 27 岁，担任此职务前后达 26 年。1705 年，英女王授予牛顿爵士头衔。他于 1727 年 3 月 20 日逝世，享受国葬待遇，与英国

牛顿
艾萨克·牛顿是世界杰出的自然科学家，17 世纪自然科学革命的头等人物。他在物理学、天文学、数学等领域都做出了卓越的贡献。他也因此而成为第一位被女王授予爵士头衔的自然科学家。

历代君主和名人长眠于威斯敏斯特教堂。

由此可见，牛顿绝不是仅仅被苹果砸了一下就猛然悟到了万有引力定律，而是有着深厚的知识背景和超乎寻常的探索精神，在看到了苹果落地之后，也不是一下子悟出了什么定律，而是在一系列的计算推导才得出这一具有历史意义的科学结论。

牛顿在解决为什么苹果要落地而月亮却可以绕地球旋转不停的问题的时候，没有像

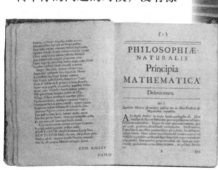

《自然哲学的数学原理》书影
此书被评价为科学史上最伟大的著作，在这本书中，牛顿为以后 300 年的力学研究打下了基础。

他的前人那样依靠大量的观察测得数据，再进一步找出答案，而是主要靠思考与数学推导。大体思路为：先求出月亮绕地球飞行的速度，

牛顿的胜利
尽管牛顿在世时已被认作是一个划时代的科学先驱，但他的研究工作仍引来了许多人的诽谤与非议，这幅充满寓意的光实验绘画表现了牛顿在科学上的胜利。

这个速度由月亮绕地球轨道周长除以其绕地球周期得到，代数表达式为 $V_月 = 2\pi r/T$。在此基础上求得月亮的向心加速度，即月亮绕地球飞行速度的平方除以其轨道半径，代数表达式为 $a_月 = (V_月)/r$。根据已知的数据（月球的公转周期为 27.3 天，月球绕地球飞行速度为 3.8×108 米／秒）解得此式结果为 0.0027 米／秒^2。这一结果适用于月亮，那么苹果呢？由于其自身重量相对于地球可忽略不计，它的加速度就应等于自由落体加速度为 9.8 米／秒^2，再根据开普勒三定律就可得出苹果和月亮二者重力加速度关系。最终得到 $F = G-Mm/r^2$，即物体间彼此都有吸引力。这种力的大小仅与它们各自的质量和它们之间的距离相关，这就是著名的万有引力定律。

列文虎克
Levihook discovered microbe
发现微生物

安东尼·冯·列文虎克与前面所讲到的科学家有一点不同，那就是他是一位业余科学家，但也有一点相同，那便是同样有着非凡的成就。

列文虎克，1635 年 7 月 18 日生于英格兰南部威特岛的弗雷施特瓦，从小善于动手制造，后因家道中落而寄人篱下，但勤于读书学习，并能够学以致用制造各种机械装置。他于 1653 年开始在牛津大学学习，后又作为波义耳的助手工作，其才华得到充分展现。

列文虎克最早发现微生物，这也得益于他长于机械制造，正所谓工欲善其事，必先利其器。列文虎克发现微生物的"器"就是显微镜。他一生制造过 400 多架显微镜，其中倍数最高的达到 200 ～ 300 倍。当时的显微镜结构较为简陋，主要包括镜座、镜柱、粗大的镜筒、目镜和物镜。与现代显微镜相比，列文虎克的显微镜样子粗笨厚重，且只有一个物镜镜头，又不能调节视距，但列文虎克就用它进行了一系列观察试验，发现了许许多多令人震惊的微生物。

列文虎克发明并使用过的显微镜

列文虎克用他发明的显微镜发现了许多肉眼无法看到的微生物，为许多过去人们无法解释的现象找到了答案。

列文虎克用显微镜观察过雨水、污水、血液、辣椒水、酒、头发、牙垢等物质，并且对观测结果津津乐道："在我偶尔观察一颗水滴时，非常惊奇地看到许许多多不可思议的各种微小的生物。有些微生物的身长为其宽度的 3 ～ 4 倍，据我判断，它们的整个厚度比虱子身上的毫毛厚不了多少。这些小生物具有很短很细的腿，位于头部的前面（虽然我没能认出他们的头，但由于动起来这一部分老是走在前面，我还是把它叫作头）靠近最后的部分，附有一个明显的球状物体。依我判断，这最后部分是稍微分叉的。"这便是列文虎克对水中细菌的细致描述。除此之外，他还公布了其他发现。

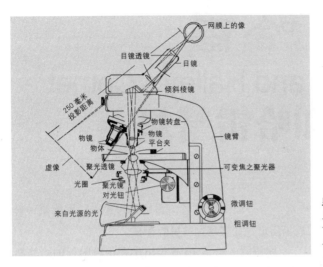

显微镜原理图
显微镜由物镜、目镜和载物台下的聚光镜构成，通过这种组合可以将微小物体放大。

1668年，列文虎克将鱼尾作了切片，拿到显微镜下观察，竟发现了上面的毛细血管，在镜头中可以清晰地看到涌动的血液经过这些毛细血管从动脉流到静脉，列文虎克欣喜若狂：原来意大利生物学家马尔比基关于毛细血管的论断完全正确，英国人哈维对血液循环的描述也可以更加完善了。

对于微生物的观察，列文虎克乐在其中。他于1675年在青蛙的脏器中发现了寄生虫，这引起了动物学界的极大兴趣。到了1677年，他进一步研究了动物的有性生殖，在显微镜的镜头中，他首次在动物和人的精液中发现了活泼、弯曲前进的微动物——精子。他还进一步猜想，在精子的头部可以找到真正的胚胎，这些胚胎会在将来形成生命个体，可惜他想错了。

列文虎克还做出了一项敦促人们形成良好生活习惯的发现。那是1669年，列文虎克在一位不爱刷牙的人口腔中发现，"在一个人口腔的牙垢里生活的生物，比一个王国的居民还多"。此言一出，舆论哗然，牙膏的销售量猛增。说起来这有点滑稽的色彩。总之，安东尼·冯·列文虎克发现微生物开拓了人们探索的领域，使人们对于自身和周围的事物有了一个全新的认识，促进了近代医学和其他学科的进一步发展。

微生物自然发生说被推翻

在列文虎克用显微镜发现微生物之后，许多人重复了类似实验。他们发现有机物变质时，会有大量的微生物存在，即便原来没有，把它拿到温暖地方后，这些微生物也会很快冒出来，于是微生物自然发生说逐渐形成。

到了19世纪，法国科学家巴斯德在显微镜的帮助下通过一个实验推翻这一说法。他先取出一定量的营养液使之发酵，之后用显微镜观察到其中的大量微生物，然后将这些营养液注入曲颈瓶中煮沸消毒，最后将其密闭。从此，营养液长期保持清洁，不再产生微生物。这一实验使得微生物自然产生说不攻自破，巴斯德认为生命来源于生命，而不是其他。

后来，在这一研究的基础上诞生了现代生物学，并进一步推动了医学实践的发展。

哈雷
Halley and Halley's Comet
和哈雷彗星

英国天文学家哈雷
哈雷十分注意对天空的观测，他通过观测发现了许多年以前被人们忽视的天体。

哈雷，与一颗彗星重名，那是因为他——埃德蒙·哈雷最早测定、证实这颗彗星的存在。

埃德蒙·哈雷1656年出生在伦敦附近的哈格斯顿，17岁考入牛津大学王后学院学习数学，这为他日后在天文学方面做出杰出贡献打下了牢固的基础。在1676年他行将毕业之际，毅然离开伦敦，搭乘东印度公司的航船远赴南大西洋的圣赫勒拿岛，在那儿建起了人类史上第一个南半球天文台。一段时间以后他汇编了有340多颗南天恒星黄通坐标的南天星表。为此，他得到"南天第谷"的美誉。这张星表发表后，哈雷即被选为皇宫学会会员。1720年他出任格林尼治天文台台长。前后几十年，哈雷投入很大精力测定彗星轨道，做了大量记录。光在他的《彗星天文学论说》一书中就记录了24颗彗星的详细资料，其中包括"哈雷彗星"。

哈雷彗星之所以以哈雷的名字命名，固然是哈雷在帮助人们清楚认识这颗大彗星的过程中功不可没，但并不是哈雷首先发现了它，许多人在此存在误解。其实人们对于哈雷彗星初步零星的

哈雷彗星小档案

　　哈雷彗星在其被证实以后，一直受到人们的关注。近些年来，随着彗星探测器的使用，人们了解到了更多关于哈雷彗星的资料。

　　哈雷彗星与其他彗星相比，大且活跃，轨道有明确规律：其轨道为逆向，与黄道面有18度夹角，平均公转周期为76年，近日距为8800万千米，远日距为53亿千米，轨道偏心率为0.967。该彗星的彗核大约为16×8×8千米，而且较暗。其反照率为0.03，甚至比煤还暗些，堪称太阳系中最暗的星体之一。哈雷彗星的彗核密度为0.1克／厘米^3，呈蜂窝状，估计是由冰升华后尘埃滞留所致。

　　据测算，哈雷彗星将于2061年返回内层太阳系，到时地球上的人类将再一次目睹它的尊容。

认识历史极其久远。

中国史书上关于哈雷彗星的记载就非常详尽，如《春秋》的鲁文公十四年就有"秋七月，有星孛入于北斗"的记载。这在世界上堪称最早的关于哈雷彗星的确切记录。不十分确切的记录则更早，那是《淮南子·兵略训》中"武王伐纣，东面而迎岁至纪而水，至共头而坠，彗星出，而授殷人其柄。"其中所指"彗星"，据后世天文学家推算应为公元前1057年回归的哈雷彗星。大约从公元前240年起，彗星的历次出现，我国史书都有记述。只是近代西方在天文学等科学领域才悄悄地超过我国，哈雷系统地研究这一彗星就是一例。

埃德蒙·哈雷1695年开始专注于研究彗星，并测定了从1337年到1698年300多年间出现的彗星中24颗的轨道和其他有价值的数据。经过整理这些资料，他发现1530年、1607年、1682年连续出现的三颗彗星轨道极为接近，只是经过近日点的时刻彼此相差了一年之久，哈雷根据牛顿的万有引力定律将这个偏差解释为木星、土星的引力所致。想到此，哈雷断定：这三颗彗星是同一彗星的三次回归。但科学不能只凭想当然，他向前

1910年拍摄到的
哈雷彗星

1986年拍摄到的哈雷彗星
这是时隔76年，也就是哈雷彗星在一个周期内两次重返地球上空时人们拍摄的照片，它又一次证实了周期的正确性。

搜索关于彗星的记录，终于发现历史上1456年、1378年、1301年、1245年等年份都有关于这颗彗星的记载，哈雷更加肯定了自己的发现。他在《彗星天文学论说》一文中预言：大彗星将于1758年底或1759年初（因为木星可能影响其轨迹，带来不确定性）再次光临地球。果然，在1759年的3月14日大彗星拖着长长的尾巴再现于天空，可此时的哈雷早已作古。然而人们没有忘记他，是他第一次将大彗星正式定名为哈雷彗星。

F
富兰克林
ranklin invented the lightning rod
发明避雷针

美国科学家、发明家本杰明·富兰克林
富兰克林是一位勇于实践的科学家，他的许多科学成就就是在实验中取得的。

避雷针，不是什么新鲜玩意儿。今天，几乎每栋大楼都安装它。其实，很久以前它就进入了人们的生活。

据唐代文献记载，我国在汉朝就出现了避雷针的雏形。只不过它是以另外一种方式为人们所接受：将一片铜制鱼尾瓦置于屋顶以避邪，防天火。其实防天火就是避雷，因为雷击建筑易发生火灾。

再者，可以从我国的某些建筑装饰传统中找到避雷针的影子。如一些古代建筑的屋脊两侧，各探出一个龙头，作吞云吐雾状，蔚为壮观。这一构思仅仅为了装饰吗？其实吐出的龙舌根部连接一根细细的金属丝循墙边直通地下。这是一个设计巧妙的避雷针。

从我国古代关于避雷针的应用实践不难看出其工作原理并不复杂，但在现代避雷针的发明过程中，却有人付出了相当的代价。

1752年6月，暴风雨的一天，富兰克林带着儿子威廉，手里拿着一个刚刚做成的硕大的风筝，并且风筝上面装有金属线，但系在金属线一端的长绳却是麻绳。富兰克林父子在暴雨狂风中将风筝升到空中，偶尔的过路人对此十分不解，"平时都好好的，怎么一下子疯到这个地步！"富兰克林对此全然不顾，一边拽紧风筝线，一边招呼着不远处的儿子。风太大了，风筝在空中活像个醉汉，飘忽不定。突然一道耀眼的闪电劈开天幕，掠过风筝。同时富兰克林紧拽风筝线的手一阵麻木。他意识到自己被闪电击中了。他又做了几次类似的实验，将闪电引入并贮存在莱顿瓶中带回

富兰克林的杰出贡献

富兰克林在电学上有许多重要成就是通过实验取得的，他对当时许多混乱的电学知识（如电的产生、转移、感应、存储、充放电等）作了比较系统的整理。他曾把多个莱顿瓶联结起来，以储存更多电荷。他用实验证明莱顿瓶内外金属箔所带电荷数量相等，电性相反。1747年他提出了电的单流质理论，并用数学上的正负来表示多余或缺少这种电流质。他还认为摩擦起电只是使电荷转移而不是创生，所生电荷的正负必须严格相等——这个思想后来发展为电学中的基本定律之一——电荷守恒定律。他利用这一理论说明了带介质的电容器原理。

富兰克林的第二项重大贡献是统一了天电和地电，彻底破除了人们对雷电的恐惧。他一方面列举了12条静电火花与雷电火花的相同之处，一方面通过岗亭实验和风筝实验（1752年6月）给予实验证明。后来他的论文集《电学实验与研究》出版，特别是风筝实验的报告轰动了欧洲，使人们看到电学是一门有广大前景的科学，避雷针也成了人类破除迷信、征服自然的一项重要技术成果，推动了电学、电工学的发展。

富兰克林对大自然有着广泛的兴趣。他研究过物体（尤其是金属）的热传导、声音在水中的传播、利用蒸发取得低温的方法；他还研究过植物的移植、传染病的防治；在横渡大西洋时，他观察了海湾暖流对气候的影响，测量了海水的流速和温度等等。作为发明家，他发明了高架取书器、老年人使用的双焦距眼镜、三轮钟等。

实验室。

富兰克林称自己收集的闪电为雷电，并用它做了各种常规的电学实验，发现雷电与人工摩擦产生的电毫无二致。不久，他公开宣布天空的雷电和人造电是同一种东西，以无可辩驳的事实揭穿了"雷电是上帝发怒"的谎言。

风筝实验的成功引起了各国科学家的广泛关注。在富兰克林实验的第二年，俄国科学家利赫曼重复了该实验，不幸被雷电击中致死，为电学实验付出了生命的代价。富兰克林闻听此事十分伤感，但一天也没有停止电学实验。几经失败，

富兰克林的闪电实验
1752年5月，为了证明天空的雷电与摩擦起电产生的电的性质是一样的，富兰克林做了这个著名的风筝试验。从而证实了他的想法是正确的。

他制成了第一根现代避雷针。它构造十分简单：一根几米长的金属杆固定在屋顶上，但杆子与屋顶之间用绝缘材料隔开，杆子底端拴一根粗导线直通地下。它的工作原理是，当雷电经过房屋附近时，电流会沿着金属杆通过导线直通大地，从而得以保全房屋。

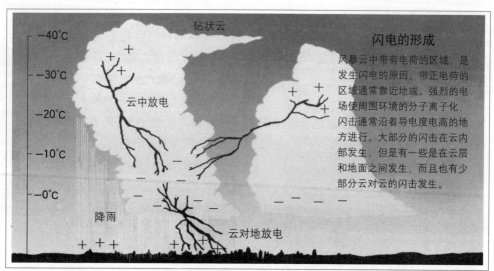

闪电的形成

风暴云中带有电荷的区域，是发生闪电的原因。带正电荷的区域通常靠近地端。强烈的电场使周围环境的分子离子化，闪击通常沿着导电度电高的地方进行。大部分的闪击在云内部发生，但是有一些是在云层和地面之间发生，而且也有少部分云对云的闪击发生。

砧状云

云中放电

降雨

云对地放电

闪电放电示意图

  避雷针发明以后，于第二年(1754 年)投入使用，但保守的人认为这不祥，会招致灾难。但事实给这些人上了生动的一课。一场暴风雨过后教堂被击中起火，而与之毗邻的高层建筑却安然无恙。谣言被戳穿，避雷针很快传播到世界各地。

  避雷针本身并不复杂，却具有很强的实用价值。这正是怀念其发明者——富兰克林的重要原因。1790 年 4 月 17 日夜里 11 点，富兰克林去世，享年 84 岁。他生前威名赫赫，死后的墓碑上只刻着这样几个字："印刷工富兰克林。"

  富兰克林不但是一位优秀的科学家，还是一位十分杰出的社会活动家，同时，他还特别重视教育，他兴办图书馆，创立了多个协会来提高各阶层人的文化素质。北美独立战争爆发后，他参与了第二届大陆会议，并参与起草了《独立宣言》。

J珍妮
Jane's spinning machine
纺纱机

17、18 世纪的世界形势发生了很大变化，随着海外殖民扩张的进行，英国国内、国际市场空前膨胀，对棉纺织品的需求加倍增长，但落后的生产工艺严重阻碍了历史进程。

在形势的逼迫下，人们苦苦探索新的棉纺业生产工具。终于在 1733 年，约翰·凯伊发明的飞梭大大提高了织布效率。然而，处于织布业上游的纺纱业很快就不能再满足日益增长的织布的需要。因为此时的棉纱纺织还是陈旧的工艺，一次只能纺出一根纱。

为此，英国全国上下都为此着急，英国皇家艺术学会于 1761 年正式宣布重赏发明新型纺纱机的人，其条件是：该机器要能"一次纺出 6 根棉线、亚麻线、大麻线或毛线，而且只需要一个人开机器、看机器"。重赏之下有勇夫，三年以后新的纺纱机终于诞生了，但发明者并不是什么工程师或科学家。

英国纺织发明家哈格里夫斯

那是 1764 年的一天，英国的一位纺织工匠詹姆斯·哈格里夫斯正在家中像往常一样织布。唯一不同的是，那天他十几岁的小女儿珍妮也闹着要学习纺纱。刚开始，哈格里夫斯并没有把她的话当回事。不过最后被她缠得实在没办法，只得同意给她一部纺纱机和一个纱锭，任她怎么摆弄。开始的时候，小珍妮还一板一眼地好好纺纱。没过半小时她便心不在焉了，捅捅这儿，摸摸那儿。忽然，噗喇一下子纺纱机翻倒地上，仰面朝天。看到上面的纺锤由水平变成直立的状态，还飞快地转着，珍妮觉得好玩极了，可又怕父亲责怪，所以待在那里默不作声。

哈格里夫斯听到声音不对赶紧跑出去看，一看纺车翻了个仰面朝天，

珍妮机的构造和工作原理

珍妮纺纱机底部的框架上安装若干线轴和纺锤。每一个轴都以皮带连在一个锭子上。两横条之间通过的一排纺锤形成一个杆，杆可以在框架的凹槽内滑动。工人向后拉杆抽出粗纱，再用横条将带子夹紧，转动轮子从而带动锭子。然后又将杆子前移，纺锤转动，纱线便绕在上面。最后工人拉动控制杆，将纱线退下，纺纱的一个周期便告完成。

什么都明白了。珍妮一阵紧张，可父亲并没有责备她，而是陷入了沉思：既然纺锤立起来也一样转，那么还不如索性将一排纺锤并立在一起，仍由一个轮子驱动，这样不就同时纺出几根纱线了吗？想到此，他欣喜若狂，不但没有责罚女儿，还夸她是个天才。

说干就干，哈格里夫斯找来了一些木料和工具，凭着他"万能"的手很快制成了一架新的纺纱机。几经实验和改造，哈格里夫斯完成了这部全新的纺纱机。它由 4 根木腿支撑，机下有转轴，机上是滑轨，可以同时安装 8 个纺锤，大大提高了纺纱的效率。哈格里夫斯认为这是在女儿的启发下的结果，便将其命名为"珍妮纺纱机"。

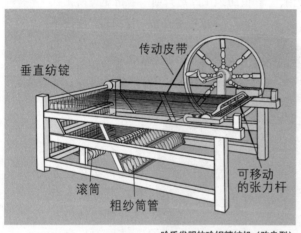

哈氏发明的珍妮精纺机（改良型）

传动皮带
垂直纺锭
可移动的张力杆
滚筒
粗纱筒管

后来，哈格里夫斯进一步改进了珍妮纺纱机，使安装的纺锤从 8 个增加到 18 个、30 个、80 个，甚至上百个。纺纱效率由此提高了百倍，各纺纱工厂争相采用这种新机器。本来哈格里夫斯为提高纺纱效率做出杰出贡献，应受到褒奖。万没想到的是，等待他的却是打、砸、抢。周围的纺织工匠说这种机器砸了他们的饭碗，所以他们得先砸掉这部机器。这群人不但捣毁了珍妮机，还顺便偷走了哈格里夫斯家的一些财物。

一脸凄惶的哈格里夫斯，被迫举家迁往外地。他于 1770 年申请珍妮机的专利，而且在更大的范围内推广了这项技术，从而解决了困扰英国的"纱荒"。

珍妮纺纱机诞生后不过几年，就又出现了水轮驱动的"水力纺纱机"，它的效率更高。1779 年，克隆普顿综合了珍妮纺纱机和水力纺纱机的优点，制成"走锭纺纱机"。它兼有前二者的长处，又称"骡机"。

总之，纺纱工艺一步步不断提高，但哈格里夫斯作为这一历史过程的开拓者，受到了后人的尊敬。

瓦特
Watt invented the steam engine
发明蒸汽机

　　瓦特发明蒸汽机，没错，但这不等于说在瓦特之前就没有使用蒸汽的机械。其实，蒸汽机的发明也经历了一个产生、发展、逐步完善的过程。

　　传说，古埃及早在公元前 2 世纪便出现了利用蒸汽驱动球体的机械装置，只是年代太过久远，具体情况已无从考证。又有记载说 1 世纪古希腊发明家希罗曾用蒸汽作动力开动玩具。意大利大画家达·芬奇也用画笔描绘过用蒸汽机开动大炮的情景。

　　较为确切地使用蒸汽作动力还应是从近代开始。1698 年，英国工程师萨弗里发明了使用蒸汽驱动的抽水机。1712 年，英国的纽可门发明了效率更高的蒸汽机，可以用活塞把水和冷凝蒸汽隔开。事实上，瓦特发明蒸汽机是从改进纽可门蒸汽机开始的。

　　纽可门蒸汽机在生产领域的广泛使用，激起了人们的广泛关注，这其中当然也包括詹姆士·瓦特。机会只赋予有准备的人，而瓦特就是这样一个有准备的人。

　　詹姆士·瓦特 1736 年 1 月 19 日出生于苏格兰的格拉斯哥市附近的机械师家庭。他从小就迷恋机械制造。由于家道中落，瓦特中学刚毕业便去伦敦学习制造机械的手艺。他天资聪颖又勤奋刻苦，用 1 年时间学会了别人用 4 年才能学会的技艺。然后瓦特在家乡的格拉斯哥大学谋了一份仪器修理师的差使，从此踏上了人生的金光大道。

　　瓦特借修理教学仪器的机会结识了许多科学家如布莱克教授和罗比逊等人，经常与他们一起探讨仪器、机械方面的问题。1764 年的一天，格拉斯哥大学的一台纽可门蒸汽机模型送到瓦特这

蒸汽机的发明者瓦特

里要求修理。瓦特不但修好机器，还对机械的构造和工作原理产生了极大的兴趣。他找到了布莱克教授与之共同研究减少纽可门蒸汽机耗煤量，提高其效率的方案。后来瓦特发现该蒸汽机的汽缸和冷凝器没有分开，造成了热能的极大浪费，找到了症结之后，瓦特便开始改造纽可门蒸汽机的试验。

瓦特筹措了一些资金，并租了一间实验室，便开始试制具有冷热两个容器的蒸汽机。他想，这样一来负责做功的汽缸始终是热的，而蒸汽冷凝的过程在另一个容器中完成。如此便可避免同一汽缸反复冷热交替，从而节约了热能。经过多次实验，多次失败，瓦特最终完成了一台具有实用价值的单作用式蒸汽机，并申请了专利保护。

为了在更大范围内推广自己的新发明，瓦特用自己设计的蒸汽机与纽可门蒸汽机当众比赛抽水。结果用同样多的煤，瓦特蒸汽机抽水量是纽可门蒸汽机的5倍。

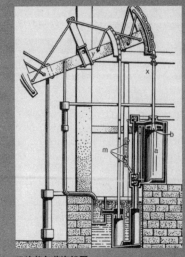

瓦特单向蒸汽机图

瓦特双向蒸汽机图

蒸汽机采煤

蒸汽时代的到来，使英国工业获得前所未有的发展，煤作为机械工业所必需的原材料正被大规模开采。

人们看到了瓦特蒸汽机的优势，纷纷以它替代了纽可门蒸汽机。

瓦特没有就此罢手，而是吸收了德国络伊波尔德的利用进排气阀使汽缸往复运动的原理，用飞轮和曲拐把活塞的往复运动变成圆周运动，可惜该技术已被皮卡德抢先申请了专利权。但他另谋出路，用行星齿轮结构把往复运动变成了圆周运动，终于在1781年10月获得了双作用式蒸汽机的专利权。

詹姆士·瓦特再接再厉，1784年用飞轮解决了转动的稳定性问题，获得了蒸汽机方面的第三个专利，两年以后他又着手进行了蒸汽机配气结构，从而获得第四个专利。瓦特不间断的努力，后来发明了压力表保证了机器运行的安全。最终于1794彻底完成了双作用式蒸汽机的发明，因为这一年皮卡德专利期满，瓦特将行星齿轮结构改装为曲柄连杆结构，从而使蒸汽机达到了完善的地步。1781年瓦特提出了5种将往复运动转变成旋转运动的方法，1782年瓦特获得了"双动作蒸汽机的专利"；1784年，瓦特在他的新专利中又提出了"平连杆结构"的说法，这使蒸汽机有了更广泛的实用性；1788年，他又发明了离心调速器和节气阀；1790年，他又完成了汽缸示功器的发明。至此，瓦特完成了蒸汽

纽可门蒸汽机

纽可门在研究赛维利蒸汽泵的过程中，发现了赛维利蒸汽泵的两大缺点。

一大缺点是热效率太低。纽可门在设计上作了重要革新：他不让冷却水直接进入汽缸，而是把冷却水通过一个细小的龙头向汽缸内进行喷溅。另一大缺点是赛维利蒸汽泵基本上还是一种水泵，而不是典型的动力机。针对这一点，他在赛维利蒸汽泵中引入了巴本的活塞装置，这样蒸汽压力、大气压力和真空即可在交互作用下推动活塞装置，蒸汽压力、大气压力和真空即可在交互作用下推动活塞作往复式的机械运动。而这种机械运动一旦传递出去，蒸汽泵也就成了蒸汽机。

由于进行了几次研究和革新，一台近代蒸汽机的完整蓝图基本上设计出来了。1705年，纽可门、考利和赛维利一道，终于试制出了第一台真正算得上是动力机的蒸汽机。

机的发明全过程。

蒸汽机的发明，使工业革命迅速展开，并波及美、德、法等国。瓦特为人类进步事业做出了不可磨灭的贡献。国际单位制中以"瓦特"作为功率单位就是为了纪念这位发明家。

拉瓦锡
Discoveries of Lavoisier
的发现

法国化学家拉瓦锡
他提出的燃烧理论后来被认为是真正正确的科学理论。

拉瓦锡 (1743 ~ 1794) 对近代化学的产生和发展产生了革命性影响，堪称科学界的革命领袖，最后却被政治革命者戕害。

他自幼博学多才，20 岁就获得法律硕士学位，后师从化学家葛太德学习化学，成就斐然。拉瓦锡对化学研究不仅停留在实验上，还多次实地考察，对矿物和水的化学成分进行了深入的研究。

具体而言，拉瓦锡对于近代化学的贡献主要体现在三方面。第一就是发现质量守恒定律，即参加化学反应各物质的质量总和等于反应后生成各物质的质量总和。他在阐述这一定律时举例说，磷燃烧后生成物所增加的重量恰好等于空气失去的重量，并根据这一定律写出了糖变酒精发酵过程的化学方程式：

$$\text{葡萄糖} \xrightarrow{\text{发酵}} \text{碳酸} + \text{酒精}$$

关于质量守恒定律，拉瓦锡解释说，"无论是人工的或是自然的作用都没有创造出什么东西。物质在每一化学反应前的质量等于反应后的质量。"

拉瓦锡在化学领域的又一贡献就是燃烧原理。破旧才能立新，他首先否定了燃素说。他从 1772 年开始做燃烧实验。其中一个具有决定意义的是硫的燃烧实验，硫在燃烧后余下的灰烬质量比原来硫的质量还要大，这引起了他极大兴趣。接着拉瓦锡又对磷做了相同的实验，结果也一样。然后他又燃烧锡，锡灰的质量也有所增加，细心的拉瓦锡称量了密闭容器中的空气。最后惊奇地发现这些物质燃烧后的灰烬增加的质量与容器气体减少的质量完全相同。拉瓦锡据此写成《燃烧概论》一文，正确解释了燃烧的本质，同时也否定了燃素在燃烧中的作用。

拉瓦锡第三大贡献则是否定了古希腊的四元素说和三元素说，重新定义了化学元素的概念。他强调以实验来说明问题。他将蒸馏水密闭加热了相当长的时间，结果水的质量没有丝毫的改变，这无疑否定了四元素说。拉瓦锡进一步将元素的定义陈述为：用任何化学手段都不能分解的物质即为元素。

根据拉瓦锡对元素的理解，他把 33 种元素分为四大部类：第一类，有锑、银、铋、钴、铜、锡、铁、钼、汞、锰、金、铂、锌、钨、铅等，它们被氧化后可以生成能中和酸的盐基，因此称之为简单的金属物质；第二类简单的非金属物质，氧化之后成为酸，主要有碳、磷、硫、硼酸素、氧酸素和盐酸等；第三类为一般简单物质，有光、热、氧、氢、氮等元素；第四类为土类物质，其中包括石灰、镁土、铁土、铝土、硅土等。拉瓦锡定义的元素虽然与科学的元素周期表中的元素尚存一定差距，但相对于之前的元素观已有很大的进步，并为以后的化学家指明了努力方向。

除了以上谈到的三大贡献，拉瓦锡还有一系列的著作和学术论文。其主要著作有《化学命名法》、《化学概论》、《燃烧概论》、《化学教程》等，其中《化学概论》最具革命意义。他的论文多发表在当时的《化学年报》、《科学院院报》上。

令人无限惋惜的是，这位伟大的化学家最后竟在革命中以莫须有的罪名被处死。数学家拉格朗日叹息道："人们可以瞬间把他的头砍下来，而这样的头，也许百年都长不出一个来。"

拉瓦锡实验室

拉瓦锡在这间实验室里经过多次试验，并发现了燃烧是氧与其他元素化合的结果。

T 牛痘接种法
The invention of Vaccination
的发明

　　天花，一个逝去的恶魔。今天我们再回顾那段预防天花的历史，可以看到在同疾病的斗争中，我们表现得多么出色。

　　天花，有史以来它的阴影就一直笼罩着人类。保存完好的几千年前的木乃伊身上就有天花留下的痘痕，其历史之久远可见一斑。还有，曾经不可一世的古罗马帝国也被天花折磨得奄奄一息。14 世纪前后的欧洲，天花竟夺去了上亿人的生命。在很长一段时间里，人们对天花束手无策，只好任其肆虐。

　　在探索治疗天花的时候，人们逐渐发现有些人虽然患了天花却侥幸活了下来，这些人以后就再也不会染上天花。是什么原因使这些幸存者具有免疫性的呢？18 世纪 70 年代的英国医生爱德华·琴纳试图揭开其中的谜团。

　　琴纳花了很长时间去研究患过天花的人的身体肌理，但发现他们除了皮肤上比

此图表现了早期人们接种牛痘时忐忑不安的心情。

英国医生琴纳

他发明了预防天花的牛痘疫苗接种法，
为人类的健康做出划时代的贡献。

其他人多些麻坑之外没有任何特别之处。琴纳顿感困惑，但他决心一定要将这个问题弄清楚。

琴纳是一名医生，有许多天花病感染者的资料，他们的一个重要特征就是不分男女老幼，不分地域，不分种族，也不分贵贱。无特征成了他们最大的特征。一次，在一个村庄调查时，琴纳发现这里牛奶场的挤奶女工没有一个人患天花。这一现象引起琴纳极大兴趣，他进一步核实了情况，发现不但那些挤奶工，就是跟农场牲畜打交道的人得天花的概率也很小。难道这些牲畜有什么魔力。

琴纳跟这些女工深入聊了这个问题，这才知道她们开始从事这个职业时经常染上牛的脓浆，之后就出现了轻微的天花症状，但很轻微，一般是不治而愈。琴纳发现这种身上有脓包的牛其实是患了天花，但死亡的极少，皮上也不会留下麻坑。琴纳忽然悟到了什么，他人为地将牛痘的脓浆接种到一个叫詹姆斯·菲普斯的小男孩身上，小孩发了几天低烧，身上也长了些水泡，但很快痊愈。给这位孩子接种牛痘的那一天是 1756 年 5 月 14 日。菲普斯是人类第一个接种牛痘的人。过了几个月，琴纳又给小菲普斯接种天花病人身上的脓浆，过了一段时间发现他根本不会再染上这种病，同那些得过天花病的幸存者一样获得了某种强大的抵抗力。琴纳成功了，他用事实说明：在健康的人身上接种牛痘，就可以使这个人再也不得天花。多么伟大呀！吞噬了无数生命的恶魔——天花终于被科学扼住了喉咙。天花肆虐的时代过去了，无数人激动地流下了热泪。

伟大的琴纳给天花这个恶魔套上了绞索，全人类又经过 200 多年的努力，终于在 1980 年将它绞死。那一年联合国卫生组织宣布天花已在全世界绝种。

琴纳发明接种牛痘，不仅普救众生，还发现对抗传染性疾病的又一利器，那便是免疫，从而奠定了免疫科学的基础。

中国古代的"种痘术"

勤劳智慧的中国人民，早在 10 世纪就发明了自己的"种痘术"。不过，这种预防天花的方法不是源于什么科学实验，而是根据"以毒攻毒"的哲学思想，对疾病以其人之道还治其人之身。具体操作方法是：取少许天花病患者身上水泡的脓液，用棉棒蘸取些许置入健康人的鼻孔。几天以后这个人会出现轻微的天花症状，但痊愈之后就终生不得天花。这种"种痘术"一度西传欧美。可惜未能进一步发展，而且这种方法对脓液的摄取量不能准确控制，因此防病的同时风险也很大。

V olta invented the battery

伏打

发明电池

英国科学家伏打
酸性电池的发明者，他的发明将人类引入了一个新的时代。

科学家的每一项发明，并不总是有意的行为。就像牛顿看到苹果落地发现万有引力定律一样，伏打在蛙腿的启发下发明了电池。

伏打本身不是生物学家，所以最初受到蛙腿启发的也不是他，而是另外一个意大利人——伽伐尼，他专攻生物学和医学。在一次实验中，他不经意地用手术刀碰了已解剖的蛙腿一下，不料这时蛙腿突然抽搐了一下。生物学家对此有些不解，继而又试了几次，结果都相同。他觉得有必要深究一下，便把蛙腿平放在金属板上，再用一根细铁丝插入蛙腿，然后把铁丝的另一端与金属板相连，蛙腿就又开始抽搐。之后，伽伐尼把金属板换成玻璃板，把铁丝换成玻璃棒，蛙腿便没有反应，但要是将铜丝和银丝接在一起再与蛙腿肌肉接触，蛙腿则会更为剧烈地抽动。伽伐尼是这样解释该现象的：蛙腿神经中含某种肉眼看不见的流体，它在金属导体和肌肉间流动形成"生物电"，进而刺激肌肉使之收缩，发生抽搐的现象。

起初，"生物电"的概念只在生物学界使用。后来物理学家伏打知道了，决定把伽伐尼的蛙腿实验跟自己的电学实验结合起来：他把各种不同金属，如金、银、铜、铁、锡、铅、锌、石墨等，两两一组地结合在一起做蛙腿实验。发现各组的实验效果各不相同。伏打想来想去觉得可能是由于不同的金属带有不同的电荷数导致两者之间存在的电位差，而蛙腿将它们连接起来，就会形成电流，电流刺激了蛙腿上的肌肉使之痉挛，在整个过程中蛙腿并不产生电流，而仅仅起到传导电、证明其存在的作用。

为了证明自己的猜想，伏打摒弃了蛙腿，而是把两根金属线接起来，一端连着眼睛而另一端放入嘴中，因为他知道眼睛和嘴巴是两个很敏感的器官。在刚接触时，眼睛和嘴都产生了异样的感觉，不同的感受来自于不同的金属组合。伏打进一步用盐水等物质把两种金属片隔起来，并用金属线加以连接，发现都会有电流产生。在大量的实验中，他还发现各种金属的起电顺序：锌－铅－锡－铁－铜－银－金－石墨，但这种以盐水隔开的"金属对"产生的电流极其微弱，如何使这种电流变得更强些呢？

经过对不同溶液实验效应比较，伏打发现若

第一组伏打电池

伏打电池是将化学能转变为电能的一种简单装置，即用一组锌盘、铜盘，中间以用盐水浸湿的纸片隔开。根据锌与硫酸的反应原理，酸溶液中的氢离子从锌片上得到电子生成氢气，锌原子失去电子变成锌离子，同时释放出一定热量。这两个反应分别在电池的两极进行，电子转移则需要连接正负两极和用电器，这时电子从正极（锌片）向负极（铜片）的流动就产生电流。第一组伏打电池产生的电能可以使40瓦的用电器工作1小时。

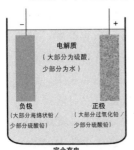

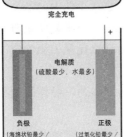

伏打电池的工作原理

是把金属泡在酸中产生的电流极强，如果增加金属的片数，即由原来的一组两片（分别为不同金属）增加为一组40片（其中20片为同一种金属）或更多，产生的电流就更加强大，甚至可以使人感到"电震"。于是，伏打由此发明历史上的第一组电池，并取名为"伽伐尼电池"，但伽伐尼坚辞不受，这种电源又被更名为"伏打电池"。这一年恰好是1800年，从此人们便开始大规模使用电池。

由于伏打电池可以提供持续而稳定的电流，科学家可以利用它开展一系列的电学实验，众多的发明和发现汇成了电气时代的洪流。

世界上第一艘

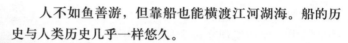

The first steamboat in the world

蒸汽轮船

美国发明家富尔顿
富尔顿发明的汽船使人类告别了帆船时代。

人不如鱼善游，但靠船也能横渡江河湖海。船的历史与人类历史几乎一样悠久。

远古时期，人们"刳木为舟，剡木为楫"，渡水如履平地。西方更有诺亚方舟拯救世界的传说。可见舟船对人们是何等重要。到了近代，出现了跨越大洋甚至环球航行，如中国的郑和七下西洋，曾一度到达阿拉伯半岛、东非等地，他所乘坐的木制帆船最大的其长度竟抵得上今天的中型航母。西方的迪亚士、达·伽马、哥伦布、麦哲伦等人有的横跨大西洋，有的到达好望角，有的甚至完成环球航行。他们所用的交通工具就是帆船。

发明帆船的人是伟大的。几根桅杆，一角风帆，使人们省去多少体力。凭着它，人们可以到达地球任何一块水域。但人心是最不容易满足的——原来帆船也有其致命的弱点。船速低、受自然力制约、方向不便控制等。有什么比风力更稳定、更持久的动力吗？

有，在19世纪已出现了一种叫作蒸汽机的动力，它马力强劲，操作简便易于控制，但就是还没有人试着把它搬到船上。

到了19世纪初，一个叫富尔顿的美国人开始考虑这个问题。在他考察各国的造船技术时，发现许多时候人们都在用帆船运载蒸汽机到各地。为什么不让这些笨重的家伙自己来推动船前进呢？富尔顿给自己提了这个问题后不久，便同工程师菲奇合作发明了一艘汽船，更确切地说，这仅仅是一个汽船雏形。然而遗憾的是他没有申请专利，因此他的发明被埋没了。

1803年，富尔顿来到巴黎。他把建造以蒸汽机作为动力的轮船的构想呈报给法兰西帝国的皇帝拿破仑，拿破仑答应给予资助。不久，第一艘以瓦特蒸汽机

轮船的发展

自从富尔顿发明第一艘轮船后，轮船制造业便在欧美的一些沿海地区蓬勃发展起来。1819年，美国的蒸汽轮船"萨瓦纳号"横渡大西洋，其仅用了哥伦布横渡大西洋所需时间的1/3。这艘船的显著特点是既有风帆又有蒸汽机。1838年，"大西洋号"和"天狼星"完全摒弃了船帆，完全以蒸汽机为动力横渡大西洋，将航行时间缩短为15天，这次航行向人们昭示了蒸汽机轮船的可靠性，风帆逐渐退出历史舞台。到了1850年，轮船进一步改造：船壳由木质结构转为钢铁结构，击水明轮也换成了螺旋桨，轮船走上了平稳发展的道路。

为动力，以桨轮推进的轮船在塞纳河下水试航。这次是逆水航行，其速度与岸上小跑的行人相当。可惜，没过多长时间，由于木结构船体经不起蒸汽机的剧烈振动，致使船体从中间断裂，翻沉入河中。富尔顿倒没为这次首航失败而沮丧，而是积极地总结经验教训，准备下次航行。不料，拿破仑皇帝却失去了耐心。他认为这个颤颤巍巍、步履蹒跚的蠢货对自己的军事扩张没有多大的帮助，拒绝为汽船的再次改造、试航提供资金。无奈之下，富尔顿只得又回到了美国，从事这方面的研制工作。

一天，美国著名发明家利文斯顿亲自上门找到富尔顿，答应提供资金、材料和人力，帮助他完成对汽船的研制。之所以这样做，是因为具有战略眼光的利文斯顿看到了这一发明的重要价值。3年过去了，富尔顿于1806年开始建造一艘新的汽船，取名"克莱蒙特号"。"克莱蒙特号"第二年在哈逊河主航道首航成功，由于有了第一次失败的教训，"克勒蒙号"建造得非常结实，而且更稳定、更快。人类历史上第一艘汽船主体部分由铁板建造，以螺旋桨为推进器，动力为瓦特蒸汽机。从此人类造船史又掀开了崭新的一页。

自从出现了第一艘蒸汽轮船，世界好像一下子小了许多。随着技术的改进，横渡大西洋的时间从72天减少为29天，再减少为15天。两岸的贸易也迅速活跃起来，世界各地的联系也由此变得愈来愈紧密。

世界上第一艘汽船
这是富尔顿发明的第一艘汽船"克莱蒙特"号的模型船。

世界上第一辆
The first steam automobile in the world
蒸汽机车

1813年的蒸汽机车，它用蒸汽作为动力。

随着瓦特蒸汽机的问世，第一次工业革命迅速展开。这时，动力问题解决了，但由于各行各业都在发展，对材料和燃料的需求量大增。于是，运输的难题又摆在人们面前。

传统的马车运输，由于其速度低、成

如果锅炉里压力太大引起危险，安全阀可排出蒸汽，以减少压力，保证安全。

燃料箱装着机车用的煤

本高、运量有限，已远远不能满足大工业生产的需要。新的交通工具呼之欲出。在18世纪末到19世纪初的几十年里，许多人投身研制蒸汽动力机车，其中著名的就有耶维安、斯敏顿、莫多克等人。他们研制的蒸汽机车由于有太多的缺点和不足，根本就没有实用价值。最后，研制出具有实用价值的、方便快捷、性能稳定的蒸汽机车的历史重任落到了史蒂芬逊肩上。

乔治·史蒂芬逊，1781年出生于英国的一个矿工家庭。贫

水桶

装在两个分离式斜置的气缸里的活塞驱动车轮

寒的家境使他根本就没机会接受教育。从 8 岁起，他便开始放
牛贴补家用，一干就是 6 年。别的孩子还在玩耍时，小乔治已
过早地挑起家庭的重担。在别的孩子快要进入花季的年龄，史
蒂芬逊却进到了一家煤矿，当了一名见习司炉工，过早地品尝
了生活的滋味。但史蒂芬逊毫不为自己出身的
卑微而消沉，而是积极地投入到本职工作中去，
夜以继日地学习机械、制图方面的知识，并付
诸实践，很快成长为一名机械修理工、机械师，
最终成为蒸汽机方面的权威。

　　1807 以后，史蒂芬逊开始研究、改造耶维
安等人设计制造的蒸汽机车：首先是把笨重的
立式锅炉改成轻便美观、更实用的卧式锅炉；
其次是为蒸汽机车设计了轨道，这种轨道与传

烟囱很高，所以早
期的铁路上不能有
低矮的门式桥梁

把蒸汽送到活
塞处的管道

流过锅炉铜水
管的热气把水
加热成蒸汽

又高又窄的烟囱，
改善了火的通风条
件，提高了早期机
车的效率

"火箭"号机车复制品 英国
1829 年，为了挑选从利物浦到曼
彻斯特的铁路线最好的机车，人
们举行了一次比赛——雷恩希尔
选拔赛。"火箭"号主要是由工
程师罗伯特斯蒂芬森制造的。同
年，英国人制造的"斯托尔布里
雄师"号，成为在美国铁轨上运
行的第一台机车。它几乎与下页
的"阿根诺里亚"号一模一样，
但因太重而不适合在美国铁路上
运行。

煤在"炉膛"
里燃烧

凸缘车轮

磁悬浮列车

任何事物的发展都是从无到有，从低级到高级的过程。从史蒂芬逊的蒸汽机车到今天时速达到 200～300 千米的高速铁路，已经是一个不小的飞跃。但人们仍不满足，科学家们研究发现：钢轨和钢轮是阻碍火车进一步提速的障碍。可是火车没有轮子和钢轨还能走吗？答案是能。既然两块同性的磁铁能够互相排斥，而不靠近，那么列车本身若是跟路面也存在这种斥力，且足够大，不就可以脱离轨道和地面，在空中滞留吗？再加以推动力，列车就可以悬浮前进。如此一来，既摆脱了车轮与轨道的摩擦力，又消除了轮、轨之间摩擦形成的噪音。这种列车叫作磁悬浮列车，时速可达 500 千米以上。

统的马拉车铁轨有所不同，他在两条路轨间加装了一条有齿的轨道，目的是防滑。再次，史蒂芬逊将车轮内侧加上了轮缘，可以有效防止出轨。经过一系列努力，史蒂芬逊终于在 1814 年设计制造了一辆全新的蒸汽机车，取名"布鲁克"。它形态粗笨，自重 5 吨，最打眼的是车头上的巨大飞轮。在第一次试车中，"布鲁克"牵引重为 30 吨的 8 节车厢以 7 千米的时速行驶。尽管这比以前的机车已大有进步，但仍因为其丑陋、漏气、缓震性能差、易坏等缺陷受到人们的讥讽："喂，史蒂芬逊先生，你那个丑家伙是妖怪，还是魔王，把我们的牛都吓惊啦，你小心从上面掉下来摔着！"史蒂芬逊对此一言不发，他要用事实来回答他们。

"阿根诺里亚"号机车
这是当时世界上最为先进的蒸汽驱动的机车，它在当时具有速度快、牵引力大等优点。很快这种型号的机车便在欧美各国普及开来了。

乔治·史蒂芬逊花了 10 余年时间终于完成了对"布鲁克"的改造，于 1825 年制成了"旅行者"号蒸汽机车，并于当年的 9 月 27 日在达林顿至斯托克铁路上试车。那天，斯托克镇人山人海，大家都要亲眼看见"旅行者"号是怎样拖动 6 节煤车和 20 节客车的。机车在预定时刻开动了，它不负众望，毫不费力地拖动 450 名乘客和 90 吨煤，以时速 24.1 千米的高速，驶向达林顿车站。试车圆满成功，从此人类运输史的机车也驶向了新纪元。

随着性能优良的史蒂芬逊机车问世，人们很快发现铁路运输的优越性：运费低，速度快、运量大，尤其适用于大宗货物。于是，大规模修建铁路席卷英国，后来又波及美国，继而又波及其他欧美主要国家，蒸汽机车的发明大大加快了西方主要国家工业进程，世界格局也由此发生着日新月异的变化。

很快，火车取代了马车成为陆上的最主要的交通工具。

为了适应大规模货运和客运的需要，欧洲和美国加快了铁路的修建速度。到 19 世纪末，世界上的铁路已超过 5 万千米。20 世纪初，广大的发展中国家也开始修建铁路，到 20 世纪末，世界上的铁路运营里程已达到近百万千米。世界上的绝大部分的货运和客运任务都由火车来承担。美国（超过 30 万千米）、俄罗斯（超过 14 万千米）、中国（超过 8 万千米）、印度（超过 7 万千米）、英国（超过 2 万千米）、德国（超过 2 万千米）、法国（超过 2 万千米）、日本（超过 1.5 万千米）和南非（超过 1.3 万千米）等是世界上铁路较多的国家。

当然，随着技术的改进与提高，火车的速度也远非当初可比。现在，一般火车的时速都在 80 千米以上。火车的动力也由以前的蒸汽改为内燃机车或电力机车。在我国，更加清洁、高效的电力机车也已开始规模化使用。法国、德国、日本和美国是使用电力机车比较多，技术也比较成熟的国家。现在法国、德国和日本等国又在研究速度更快、更清洁和无噪音的磁悬浮机车，并已取得了初步成功。2003 年。我国第一条磁悬浮机车在上海正式投入使用，它的时速高达 450 千米。

大工厂的车间
随着火车运输的普及，工业化的步伐也加快了，欧洲各地建立起了许多工厂。本图表现的是 18 世纪 20 年代英国一个工厂生产车间繁忙的生产场面。

电磁感应
Electromagnetic induction produces
electric current 产生电流

英国物理学家法拉第

他发现了电磁感应现象，使电规模化使用和成为清洁、便宜的动力成为可能。

工业革命的迅速展开促使人类社会的发展进入快车道，在机械、能源等工业蓬勃发展之时，人们也在寻找一种利用效率更高、更清洁的动力，电理所当然地成为人们的首选，于是电气领域内的革命悄悄地展开了。

先是 1800 年丹麦的奥斯特发现通电的金属可以产生磁的效应，接着是法国人毕奥和萨伐尔毕又发现了奥－萨伐尔定律，然后就有德国物理学家欧姆在 1825 年又发现导体具有电阻，并在此基础上提出了欧姆定律，揭示了导线中电流和电位差的正比关系。这些重大的发现为电和磁之间的互相转化铺平了理论基础，法拉第则在实践上解决了电和磁是怎样实现转化的这一难题，为电能的实际应用打开了通道。

法拉第 1791 年 9 月 22 日出生于英国的一个铁匠家庭，像与他同时代的许多发明家、科学家一样，只接受过几年的小学教育。法拉第从 13 岁到 20 岁做了 7 年的装订工人，但他一直热心于科学研究。后来，在别人的介绍下投到著名物理学家戴维的门下，做一名助手。很快，法拉第得到了施展自己才华的机会。

受到奥斯特电可以产生磁的启发，法拉第从 1822 年就着手研究把磁转化为电的问题。他先设计了如下实验装置，装置的两端中间以导线连接，并设置一个开关，左端为电源（伏打电池），右端为电流指示器，然后进行实验：接通电源（合上开关），电流指示器指针明显偏转，但很快又恢复到原位。断掉开关，切断电源，指针也同样发生偏转，既而复原。实验表明，在"开"、"关"的时点，指针各发生一次偏转，但都不能保持。法拉第进而用永久磁铁加以验证。1821年10月17日，他完成了一个具有决定意义的实验：取一半径约为11.4厘米、长约为244厘米的圆纸筒，在上面绕8匝铜线圈，再接到安培计上。然后将一条形磁铁以线筒一端放入，发现安培计指针偏转，又将磁铁从另一端抽出，指针再次偏转，只是方向相反。这便是发电机的基本原理，今天各种复杂的发电机都是根据这个原理设计制造的。

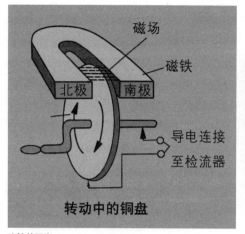

法拉第圆盘
这个装置证明电流的产生离不开磁。

在总结实验的基础上，法拉第进行了深入的理论分析：他运用笛卡尔的磁力线概念对所谓的"电磁感应"进行解释——感应电流的产生是由导体切割磁力线所致，电流的方向则取决于磁力线被切割的方向。为了便于现实中的操作，法拉第还以左、右手拇指与其他四指的位置特点为依据制定了左手法则和右手法则，至今我们仍在使用。法拉第进一步完善了电磁理论。1838年，法拉第又解释了从负电荷或正电荷发出的电力线的感应特点。

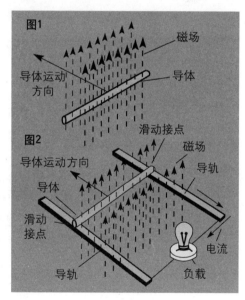

电磁产生电流原理
闭合线圈切割磁力线时就可以产生电流。

法拉第并不满足于已有的贡献，而是进一步将研究领域扩展到电解的规律。在这一过程中他发现了两个重要的比例关系：由相同电量产生的不同电解产物间有当量关系，电解产物的数量与所耗电量成正比。这两个规律后来称为法拉第电解定律，在电学工业领域获得广泛应用。

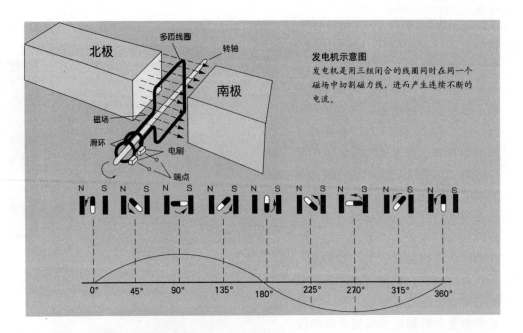

发电机示意图
发电机是用三组闭合的线圈同时在同一个磁场中切割磁力线，进而产生连续不断的电流。

北极　多匝线圈　转轴　南极

磁场　滑环　电刷　端点

0°　45°　90°　135°　180°　225°　270°　315°　360°

　　法拉第发现电磁感应定律和电解定律之后，一时名扬四海，但他仍然孜孜以求，在物理学领域默默耕耘。他澄清了各种关于电的说法，发现贮存电的方法，继而发现法拉第效应。同时，法拉第试图通过实验发现重力和电之间的关系，寻找磁场对光源所发射的光谱线的影响，寻找电对光的作用等，但由于当时的实验条件有限，他的这些实验都没有成功，但他的思想和观点是正确的。

　　法拉第发现的电磁感应原理，连同其他贡献共同构成了发电机、电动机发明的基础，使人类从蒸汽时代疾步跨入了电气时代。1867 年，法拉第离开人世，享年 76 岁。亲人们按照他的遗嘱举行了简单的葬礼，他墓碑上只刻了三行字：迈克尔·法拉第／生于 1791 年 9 月 22 日／死于 1867 年 8 月 25 日。

《电学实验研究》

　　《电学实验研究》是法拉第在电学领域的集大成之作，介绍了法拉第在电学领域的众多实验，总数在 1 万以上，涉及电、磁、光等方面。

　　法拉第在该书的第一卷就阐明了各种电的同一性，他认为无论是摩擦电、动物电、磁感应电、温差电还是伏打电，性质都一样。在以后的三卷中，法拉第向人们介绍了物质在电场中的特性，测定了物质的介电常数，提出了一些新的概念如电力线、磁力线、电磁场等。并且记录了电荷守恒定律的证明过程。

　　《电学实验研究》中的许多内容都具有首创意义，对后人研究物理学有重要的参考价值和借鉴意义。

莫尔斯发明

Morse invented the wire telegraphy

有线电报

　　通讯，它注定要伴随人类始终。从古代的烽火台到近代欧洲的"夏普通讯机"，再到后来的电解式电信机和磁针式电信机，信息传输速度愈来愈快，范围也更广。在通讯事业发展的进程中，具有革命意义的一步则是有线电报的产生。

　　有线电报的发明者莫尔斯与其同时代的科学家、发明家有很大不同。他不仅家境贫困，而且前半生从事的是与发明无关的美术，并且非常成功，从1826年起他担任了16年的美国美术学会主席。可到了41岁那年，画家莫尔斯迷上了发明。这其中还有一段故事。

　　1832年10月1日，从法国勒阿弗尔港出发的"萨丽号"邮轮，横跨大西洋驶向纽约。这本是一次极平常的航行，谁也没想到它会激发一项重大发明。航行中，一名叫作查尔斯·杰克逊的医生晚饭后在餐桌上展示了一个实验：他手上拿一块马蹄形的铁条，上面整齐地缠绕着绝缘的铜导线，然后给导线通电，这时铁条骤然产生了磁性。一下子将桌上的铁餐具吸了过来，人们睁大眼睛，伸长脖子看着杰克逊手上充满魔力的铁条。这时，杰克逊忽地切断电源，磁性顿消，人们吃惊不已，而他则略显得意地说道："先生

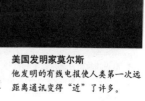

美国发明家莫尔斯
他发明的有线电报使人类第一次远距离通讯变得"近"了许多。

们，这是一种无穷的力量。电流通过线圈时，就会产生磁性，而且无论线圈有多长，电线有多长，电流都会瞬间通过……"这时人群中的莫尔斯突然问到"先生，那么电的速度到底有多快？"杰克逊一时语塞；"这个……反正是很快，瞬间通过！""要是电能用来传递电磁信号该有多好！"莫尔斯默默地想。

说干就干，莫尔斯很快就找到物理学家亨利并拜他为师，学习电磁基础知识。以前他从没有接触过，现在他已年过不惑，再从零开始，其难度可想而知。功夫不负有心人，一年以后他已熟练掌握电磁方面的基础知识，着手电报研究。

经过夜以继日地实验、思考、总结，再实验，莫尔斯发明了"继电器"，其主体部分是一块电磁铁。他用电磁铁做成电铃，就可以把信号传到更远的地方。正当他准备把这一构思付诸实践时，另一问题向他袭来：他为了做电报实验花完了所有积蓄，而且几乎荒废了美术，没有了收入，生计就成了问题。莫尔斯被迫重拾画笔，为了衣食作画，但无论如何他也放不下自己的发明事业。

库克和惠斯通电报机
早期的发报机有五根针。后来库克与惠斯通将它简化为一根针，如上图这台电报机。

在贫困交加的逆境中，莫尔斯忽然想到了一种新的思路，即利用电流的有无及间隔时间，产生若干种符号，再将其按一定规律排列组合，代表不同的数字和文字。而电流的速度非常之快，可以瞬间将各种符号传递到遥远的地方。有了这一方案，莫尔斯似乎成竹在胸，开始不分昼夜对应字母编写符号。这时他前段时间卖画的积蓄逐步告罄。有时，他的口袋中只有几枚硬币，吃饭一度成了问题。

无论多么艰难，莫尔斯都要把实验坚持下去的精神打动了一位名叫威尔的技师。威尔出身富贵之家，答应为莫尔斯提供购买设备的资金。甚至亲自加入到实验当中，作为莫

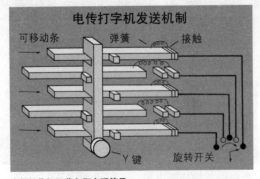

电传打字机发送机制

可移动条　弹簧　接触

Y键　旋转开关

电报接收机及莫尔斯电码符号
莫尔斯电码发出点、划和间隔的组合，代表数字和字母表上的字母。

莫尔斯电码

莫尔斯为发明电码煞费心机。他先是对报刊、杂志、书籍中的常用字进行统计，进而向印刷工人讨教，按照常用的英文字母对应简单的电码，不常用的英文字母对应复杂的电码的原则进行系统编码。电报的具体符号则通过"接通"、"断开"电路的方法，形成"点"、"划"和"空白"等不同组合，用以对应不同的字母、数字、标点等。如字母"A"用一点一划表示，阿拉伯数字"5"用5个点表示，字母"e"用"·"表示，"t"用"—"表示等。各个字符不仅在"点"与"划"的组合上有规定，还对"点"与"划"的长度，以及"间隔"的幅度确定严格的时间比例。这样，使收、发报的准确性大大提高。

尔斯的助手，二人一道改进电报机。

不知不觉中，时间又过去了一年，莫尔斯等人认为电报机已经较为完善，可以为人们的生活服务了。于是他带上电报机的样品，前往华盛顿劝说国会通过议案，对其拨款3万美元修建华盛顿到巴尔的摩的电报线路。几经周折和反复，国会最终通过决议。该线路1844年正式完工，并于5月24日进行了试验。莫尔斯亲自操作在华盛顿向巴尔的摩的威尔发出以下电文："上帝创造了何等奇迹"。从这一时刻起，人类进入了电报时代。

有线电报诞生后迅速推广至欧美各国，并且出现了跨海电报线路。有线电报的出现，使人们在政治、经济、文化等方面交流变得更快捷、准确。

更多资源 扫码获取

莫尔斯试验接收机
它使用点和划组成的莫尔斯电码，通过断断续续的嘀嗒声将信息记录下来。

细胞学说
The foundation of cell theory
的创立

任何一门学科的发展，都离不开前人的基础。细胞学说的创立同样离不开细胞研究先行者们的努力。

1665 年，英国科学家虎克用显微镜观察软木切片时，偶然发现其中蜂窝状结构，他将"蜂窝"中一个个"蜂房"称为"细胞"。这是细胞概念的首次提出。后来英国植物学家布朗和捷克生理学家普金叶先后观察到植物和动物的细胞核，这使人们对细胞的认识更进了一步。至此，施莱登、施旺等人创立细胞学说的条件基本成熟。

施莱登 (1804 ～ 1881)，20 岁至 24 岁曾学习法律，并取得律师资格。但他更热衷于植物学研究，终于在 1827 年考入耶拿大学专攻植物学。在治学过程中，他独树一帜。在其他植物学家专注于形态分类时，他却惯于用显微镜对各种植物的特征进行观察和描述。施莱登重复了其前人虎克、奥

动物细胞的立体模式图

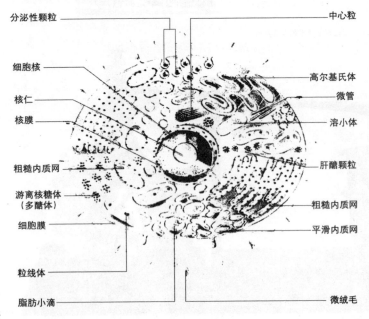

分泌性颗粒
细胞核
核仁
核膜
粗糙内质网
游离核糖体（多醣体）
细胞膜
粒线体
脂肪小滴

中心粒
高尔基氏体
微管
溶小体
肝醣颗粒
粗糙内质网
平滑内质网
微绒毛

动物细胞的切面图
相对而言，动物细胞比较复杂，它由细胞核、核仁和核膜等部分组成。

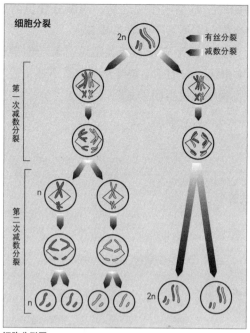

细胞分裂

2n

有丝分裂
减数分裂

第一次减数分裂

n

第二次减数分裂

n

2n

细胞分裂图

细胞分裂是其生命延续和生物生长发育的基本过程。

肯、布朗等人的实验，并对他们的实验结果进行了分析和总结。

在批判地继承前人成就的基础上，施莱登提出了自己的细胞学理论。他认为细胞是构成植物体的基本单位，植物体所有器官、组织均由细胞组成，植物发育、成长的过程就是细胞发育、成长的过程。具体包括细胞的生命特征、生理过程、生理地位等方面。

在论述细胞生命特征时，施莱登指出了细胞生命的两重性，即细胞一方面要维持自身生命过程，另一方面又作为整个机体组织的一部分发挥其功能。这种提法明显带有19世纪初奥肯"两重生命论"的烙印。

施莱登认为，细胞的生理过程就是旧细胞产生新细胞，而这个过程中细胞核是关键：新细胞的生成首先是细胞核的生成，接着便是细胞的其他组成物质从老细胞组织分裂出来，最后新的细胞核与刚分裂出来细胞组织形成新的细胞。

谈及细胞的生理地位，施莱登明确提出，细胞作为植物体赖以生存和成长的根本依托，是植物生命体的基本构成单位。

以上几个方面的论述，构成了细胞学说基本组成部分。从此，细胞学说开始建立起来。后来，德国动物学家施旺又把施莱登植物细胞学说引入到动物学，细胞学说从此更加完整。

施旺原来从事动物胚胎学、解剖学研究。19世纪30年代中期，胚胎学与细胞学并驾齐驱，使得施旺有意把二者加以结合。他从另外一个角度解释了细胞的生理过程：新细胞的生成要借助新陈代谢将细胞间物质转化为细胞生成所需物质，借助细胞相互吸引力浓缩和沉淀细胞间质，进而生成新的细胞。

在解释生命发育过程时，施旺直接指出，动物个体发育过程都是从单细胞开始的。单细胞生成之后，不断分化出新的细胞，整个生命个体才不断发育成长。

只有当施旺把施莱登的细胞学说引入动物学之后，生物学中统一的细胞学说才形成，虽不够完善，但为日后生物学发展指明了通路。

林耐

瑞典植物学家、探险家，现代植物学的创始人，著有《植物哲学》一书。

植物细胞的立体模式图

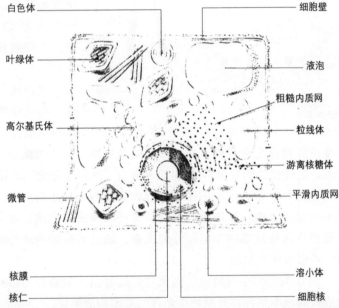

白色体　细胞壁
叶绿体　液泡
高尔基氏体　粗糙内质网
微管　粒线体
　　　游离核糖体
核膜　平滑内质网
核仁　溶小体
　　　细胞核

《植物学概论》

《植物学概论》是施莱登1842年完成的植物学教科书，集中阐述了他的细胞学说。在这本书的开始部分，他写了对于植物体所蕴含物质的研究成果，接着便转入了植物细胞学的集中论述。他认为细胞是"植物中普遍存在的基本构造"，无论如何复杂的植物体都由"各具特色的、独立的、分离的个体"构成，接着提到植物细胞两重特性，"一方面是独立的，进行自身发展的生活；另一方面则是附属的，作为植物整体一部分而存活"。然后，施莱登对植物学发展的历程进行了分段，即从古代到中世纪末，林耐时期，林耐以后。最后施莱登论述了形态学和组织学，为后世植物学家开辟了新的研究领域。

《植物学概论》结构、体例都是新的，为植物学研究确立了一个全新的角度，提出了植物学领域的新准则，激起了人们对植物学极大热情。

焦耳
The Law of conservation of energy
与能量守恒定律

八仙过海，各显其能。科学家要想在其领域有所建树，也须有其过人之处。19 世纪英国物理学家焦耳的过人之处就在于：准确测量。

焦耳（1818～1889），出生在曼彻斯特的一个酿酒师家庭。近朱者赤，近墨者黑，酿酒工艺要求的是极为精确的测量，无论是原料的选配，还是酿酒池中的温度、湿度以及其他特征都必须一丝不苟地测量，并加以记录和分析。焦耳从小就接触酿酒技术，并且随着年龄的增长，他不但熟练掌握了这项技术，还开了一家酒厂。不过，做酒厂主人丝毫也不影响他对物理、化学的兴趣。

焦耳还专门向化学家道尔顿请教，从他那里获得不少基础理论知识。同时，

英国物理学家、化学家焦耳

他在物体的能量转换方面做出了巨大的贡献。

他也非常重视实验。1840 年前后，焦耳开始做通电导体发热方面的实验。他的实验设计如下：准备一根金属丝，并测出其电阻，然后将其连接安培计，接通电源插入水中。这时注意准确测定通电时间和水升温的度数，并适时读出安培计显示的电流强度，最后通过计算得出电流做的功和水由此获得的热量。实验事实表明，电能和热能之间可以相互转化。通过整理该实验的精确数据，焦耳发现其中的固有规律：电流通过产生的热能与电流强度的平方、用电器电阻以及通电时间长短成正比，焦耳的精确测量结出了累累的硕果。但当时的科学权威对此不屑一顾，在他们看来，唯利是图的小商人还能有什么科学发明？但科学家从来是不分出身和职业的。

啤酒商焦耳从来不让别人的看法左右自己。他很快就又投入到各种机械能相互转化

的实验中。比如，他曾通过测量在水中旋转的电磁体做的功和运动线圈产生的热量，得出消耗的功和产生的热量跟感应电流的强度之平方成正比关系。之后焦耳又做了许多类似的实验，逐渐发现自然界的能量既不能产生也不能消失，只能在各种存在形式之间相互转化。他还断定，热也是一种能量形式。这一论断强烈地冲击着当时科学界流行的"热质说"。

热质说可以解释温度不同的物体接触时，温度高的物体温度下降而低温物体温度上升的现象，它认为那是因为热质从高温物体流向低温物体。可是，相互碰撞摩擦的物体同时升温，热质是怎么创造出来的呢？热质说不能自圆其说，而焦耳的"热是一种能量形式"的说法却可以轻松地解决这一问题，但由于先入为主，热质说仍然很有市场。

焦耳坚持不懈，继续做有关实验，最终以更多、更翔实的实验数据测得热功当量为460千克米／千卡，与今天物理学使用的473千克米／千卡已经很接近了。在铁的事实面前，焦耳的反对派（如威廉·汤姆生）不得不承认热功当量说。最后，还是焦耳和汤姆生共同完成了对能量守恒定律的精确表述。

焦耳一生致力于能量、热功当量研究的时间超过40年，取得大量成果。这些成就多集中在他的专著，如《论磁电的热效应和热的机械值》、《论水电解时产生的热》、《论热功当量》、《关于伏打电产生的热》等。

1889年10月11日，焦耳逝世。国际物理学界为了纪念他在物理学领域的贡献，把"焦耳"作为功的单位，把论述通电导体热的定律命名为焦耳定律。

热功当量的测定

焦耳的主要贡献是测定了热和机械功之间的关系。他于1843年在英国《哲学杂志》第二十三卷第三辑上发表了论文《关于电磁的热效应和热的功值》，对热和功的关系作了系统地介绍。此后，他用不同材料进行实验，并不断改进实验设计，结果发现结果都相差不多；随着实验精度的提高，趋近于一定的数值。最后他将多年的实验结果写成论文发表在英国皇家学会《哲学学报》（1850年第一百四十卷）上，他指出：第一，不论固体或液体，摩擦所产生的热量，总是与所耗的力的大小成比例；第二，要产生使1磅水（在真空中称量，其温度在50～60华氏度之间）增加1华氏度的热量，需要耗用772磅重物下降1英尺的机械功。他精益求精，直到1878年还有测量结果的报告。他近40年的研究工作，为热运动与其他运动的相互转换，运动守恒等问题，提供了无可置疑的证据，焦耳因此成为能量守恒定律的发现者之一。

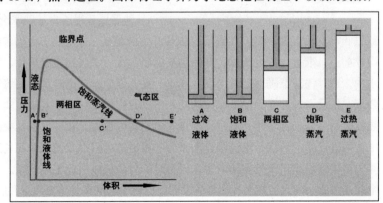

热力学演示图

与死神抗争的
Struggled with the King of Terrors
巴斯德

　　路易·巴斯德，1822年出生在法国的多尔，是近代著名的化学家和微生物学的奠基人。

　　巴斯德早年家境贫困，靠半工半读于21岁考入巴黎高等师范学院，专攻化学。早期一直致力于晶体结构方面的研究，并取得相当的成就。1854年以后，巴斯德逐步转入微生物学领域。

　　人们很早就在日常生活中，发现做好的饭菜和奶制品等放久会变酸的现象，但不知到底是什么原因使其发生这样的变化。巴斯德于19世纪50年代投入这一问题的研究，他以牛奶为实验对象，准备一份鲜奶和一份变酸的奶，然后分别从中取出少量放到显微镜下观察，结果在两个样本中发现同一种微小的生物，即我们今天所谓的乳酸菌。区别仅在于所含细菌数目不同，鲜奶中的乳酸菌数量明显少于酸牛奶。接着，巴斯德又对新酿造的酒和放置一段时间已变酸的酒进行类似的实验，在两种酒中也发现同样的生物——酵母菌，而且前者所含细菌少于后

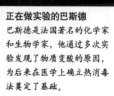

者。他经过进一步分析、研究，最终确认无论是牛奶还是酒变酸都是因为细菌数量的增加和活动的加强所致。巴斯德把这类极小的生物称为"微生物"。并且以乳酸菌和酵母菌作为它们的代表对其生活习性，营养状况、繁殖特征等方面进

正在做实验的巴斯德
巴斯德是法国著名的化学家和生物学家，他通过多次实验发现了物质变酸的原因，为后来在医学上确立热消毒法奠定了基础。

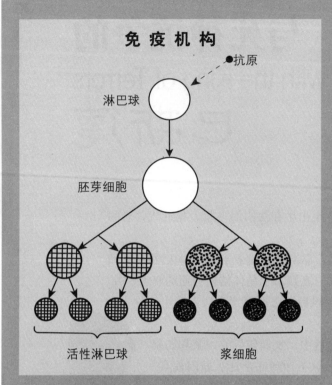

免疫机构

抗原

淋巴球

胚芽细胞

活性淋巴球　　　　　浆细胞

免疫机构示意图

从这张图表我们可以清楚地看到免疫是如何进行的：只有将已经具有抗病毒的菌体培养液注入患者的体内，患者才能产生抗体。

行了深入分析。1857 年，巴斯德关于微生物的第一个成果《关于乳酸多酵的论文》正式发表。此文标志着一个新的生物学分支——微生物学诞生。

1863 年巴斯德发明防止葡萄酒变酸的高温密闭灭菌法，后来称之为"巴斯德灭菌法"。在研究解决丝蚕病的过程当中，他对致病菌有了进一步认识，从而在 60 年代末提出了病菌学理论，这引起了一些临床医学家的注意。当时的许多外科手术过程非常顺利，就是术后病人死亡率居高不下。英国名医李斯特意识到这可能与创口感染病菌有关，遂用巴斯德灭菌法对手术器械和场所消毒灭菌。此举使其术后病人死亡率从 45% 骤降至 15%。

进入 18 世纪 70 年代以后，达内恩医师受巴斯德灭菌法的启发，发明了碘酒消毒法。后来美国的霍尔斯特德和英国的亨特又开医学戴消毒手套和口罩的先河。这些灭菌法和防菌法至今仍在外科手术领域广泛应用。

然而，巴斯德在开创微生物学之后更大的贡献在于免疫学方面的研究。病菌侵入人体就会使人产生抗体，那么要是让失去毒性的病菌进入人体，使之产生抗体以杀灭后来侵入的有毒病菌，不就可以达到免疫效果吗？巴斯德在这方面进行了大量探索。其中最值得一提的是其培育的狂犬病疫苗。1880 年，巴斯德收集了一名狂犬病患者的唾液，将其兑水后注射到一只健康的兔子身上。一天以后，兔子死去，他再把这只兔子的唾液接种另外一只健康兔，它也很快死去。巴斯德在显微镜下观察死兔的体液，发现了一种新的微生物，进而用营养液加以培养，

巴斯德巧解酒石酸旋光性之谜

路易·巴斯德不仅在微生物学领域培育出了各种疫苗，而且在有机化学方面正确解释了酒石酸旋光性现象。他在研究副酒石酸时发现其中有的结晶面朝左而有的朝右。于是，他就人为地把右向结晶体和左向结晶体分开放置，并分别配出溶液，发现左向晶体具有左旋光性，而右向晶体则有右向旋光性。若将两种溶液混合，再用旋光仪观察，发现溶液失去光学活性，说明方向相反的偏振光相互抵消。他在 1853 年得到中性的，不具旋光性的酒石酸，即葡萄酸。至此，困扰化学家长达 30 年的酒石酸旋光性之谜得以圆满解决。

再将菌液注射到兔子体内，结果毒性再次发作。他在观察这些染病动物的体液时发现了与培养液中相同的微生物，巴斯德初步确认是这种病菌（其实是病毒）导致兔子死亡的原因，于是对培养这类病菌用低温（0 ~ 12℃）的方法减毒，后又用干燥的方法再次加以减毒。过了一段时间后，经实验发现其毒性已不能使动物致病，可以用来免疫。1885 年 6 月，巴斯德第一次使用减毒疫苗治愈了一名患狂犬病的男孩。从此，狂犬疫苗进入实用阶段。

在战胜了狂犬病之后，巴斯德被誉为与死神抗争的英雄。为了表彰其在微生物学领域的杰出贡献，巴黎建立了"巴斯德学院"。该学院后来为推进微生物学的发展起了重要作用。

巴斯德在实验室工作
巴斯德是个技术精湛的实验者，有着强烈的求知解难之心而又善于观察，他全心献身于科学和将科学应用于医学、农业和工业的事业上。

达尔文
Darwinian Theory of evolution
的进化论

提起达尔文，你首先想到的是进化论，说到进化论就不能不讲拉马克。拉马克在其《动物哲学》一书中粗略地描述了动物界由简单到复杂的进化过程。这可以称之为最早的进化论观点，达尔文正式在这样的基础下创立了成熟的进化论。

达尔文，1809年生于英国的一个医生家庭。达尔文从小就热爱大自然，尤其喜欢打猎、采集矿物和动植物标本，但少年的达尔文学习成绩一般。因此，父亲认为他"游手好闲"、"不务正业"，1828年将他送到剑桥大学，改学神学，希望他将来成为一名"尊贵的牧师"。达尔文在大学期间仍然把大部分时间花在对自然科学的研究上。在22岁那年，经别人的推荐，他瞒着家人，以"博物学家"的身份加入"贝格尔"号海洋调查船参加环球旅行。

"贝格尔"号环球航行之旅是达尔文一生最为快乐的时光，

达尔文的生物进化论提出了人是由猿类进化而来的理论，引起了巨大的轰动，它与能量转化与守恒定律、细胞学说并称为19世纪三大科学发现。进化论的提出，在生物学领域、思想界以及农业生产和园艺实践中都产生了划时代的意义。

也是收获最大的时期。这期间，青年的达尔文精力充沛、兴趣广泛，沿途细致考察了各地的地质特点和生物分类，比较了化石和当前各种动植物的差别和联系，并且深入研究了多种生物的地理分布，还采集了大量稀有生物的标本，发现了许多在书中没有记载的新物种。这次旅行中，达尔文开始思考人类是怎样起源的，动植物的遗传和变异等问题。在考察的过程中，达尔文根据物种的变化，一直在思考这样一个问题：自然界的奇花异树，人类及其他万物究竟是怎样来的？他们为什么会千变万化？彼此之间会有什么联系？逐渐地达尔文对神创论产生了怀疑，他决定揭开这其中的谜团。

从 1831 年到 1836 年，达尔文先后在南美洲海岸考察了 5 年，收集了大量的标本和事物，尤其是在南美的科隆群岛的考察，使达尔文更坚定高等物种是由低等物种进化而来的想法，物种进化的理论逐渐在他的脑海中形成，并且有了一个清晰的概念。1836 年，达尔文还去了澳大利亚考察，了解那里的生物，进一步为他的物种进化理论搜集证据。

《物种起源》书影

1836 年 10 月，达尔文结束环球旅行考察回到英国，在随后的时间里达尔文忙于整理带回来的标本和笔记资料，在不经意间接触到了马尔萨斯的《人口论》一书。书中提到人口的增长速度要远远快于粮食的增加速度，只有依靠瘟疫和战争等灾难性因素抑制人口过快增长，才能缓解人口与粮食之间的矛盾。这其实言明了种内竞争的必要性，为达尔文进化论思想的形成提供了依据。达尔文在"贝格尔"环球考察的基础上，又受到马尔萨斯人口论的影响，经过大量的科学推理和综合分析，生物进化思想逐渐成熟起来。1842 年，他写出了《物种起源》的纲要，第一次提出了进化论的思想。1859 年发表《物种起源》一书，在学术界引起轩然大波。它标志着一个时代的结束和另一个时代的到来。《物种起源》的问世，在欧洲乃至整个世界引起了极大的轰动。它沉重打击了神权统治的基础，以全新的生物进化的思想，推翻了"神创万物"的作物理论。

达尔文的进化论思想可以概括为以下几个方面。首先是遗传和变异。他指出，遗传和变异普遍存在于各个物种当中，进而推动各

拉马克对进化原因的分析

拉马克认为引起进化演变的有两个互不相连各自独立的原因。第一个原因是谋求更加复杂化（完善）的天赋。"在相继产生各种各样的动物时，自然从最不完善或最简单的开始，以最完善的结束，这样就使得动物的结构逐渐变得更加复杂。"这种趋向于更加复杂化的倾向来自于"上帝所赋予的权力。"或者说是：自然"赐予动物生命以这样的权力，即使结构日益复杂化的权力。"在拉马克看来取得使结构日益复杂化的权力是动物生命的内在潜力。这是自然的规律，用不着特别解释。

引起进化演变的第二个原因是对环境的特殊条件做出反应的能力。拉马克说过，如果趋向于完善的内在冲动是进化的唯一原因，那么就只会有一条笔直的序列引向完善。然而在自然界中我们遇到的却是在种与属中各式各样的特殊适应，并不是笔直的序列。拉马克认为这是由于动物必须永远与其环境取得全面协调的缘故，当这种协调遭到破坏时，动物就通过它的行为来重新建立协调关系。

种生物进化或灭绝。而遗传、变异也相互作用，有的变异遗传给后代个体，而有的变异就不能，分别称为一定变异和不定变异。关于变异的诱因，达尔文认为是生存环境的变迁、器官的使用程度等。

其次是自然选择，即所谓物竞天择，适者生存。其实，"自然选择"概念是受了种畜场"人工选择"的影响而提出的，即人工选择是根据人的需要，而自然选择则是根据自然的需要。达尔文通过观察发现大多数生物繁殖过剩，而这些新生个体在残酷的生存竞争中，只能接受自然条件的再选择，适应当前环境者才能生存。

再次是性状分歧、种形成、绝灭和系统树生产。生活实践告诉人们，

猿与人的比较

万年前的普罗猿是最早的人类动物。在它的身上已经形成了许多现代意义上人的特征。如它的大头盖骨同现代人已经非常相似；它的前肢与后肢已开始分工。这些都是从猿到人必须具备的条件。

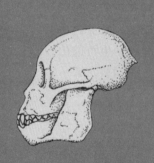

各种动植物可以从一个共同的原始祖先，经过人工选择，从而形成众多性状各异的品种。在自然界中，这个道理依然适用，一个物种会由于生存条件的差异，形成许多变种、亚种和种。时间久了，同一物种内的亲缘关系，会像一株枝杈众多的大树，即称为系统树。

《物种起源》一书从以下几个部分论述了物种的起源和其发展的史略：（一）家养状况下的变异；（二）自然状况下的变异；（三）生存斗争；（四）自然选择，即适这生存；（五）变异的法则；（六）学说的难点；（七）对于自然选择的种种异议；（八）本能；（九）杂种性质；（十）论地质记录的不完全；（十一）论生物在地质上的演替；（十二）地理分布；（十三）生物的相互亲缘关系。

《物种起源》一书近乎完美地表述了达尔文的进化论思想，为日后的生物学发展具有决定性意义。因为《物种起源》的出版标志着19世纪绝大多数有学问的人对生物界和人类在生物界中的作用和地位有了一个全新和正确的看法。1882年4月19日，达尔文因病去世，人们把他的遗体安葬在牛顿的墓旁，以表达对这位著名科学家的敬仰。

人手与猿手之比较
人手与猿手在结构上具有十分明显的相似性，但人手的拇指比猿手要长，且具有更大的活动范围；猿手的手掌比人手手掌长是由于握东西的需要而形成的。

人脚与猿脚之比较
猿脚的长脚趾和拇指分离是抓握东西的需要；人的脚趾短则是为了提高站立的稳定程度；猿脚没有人脚的拱曲——足弓，人类能把每一步的冲压都化解在这种足弓结构中。

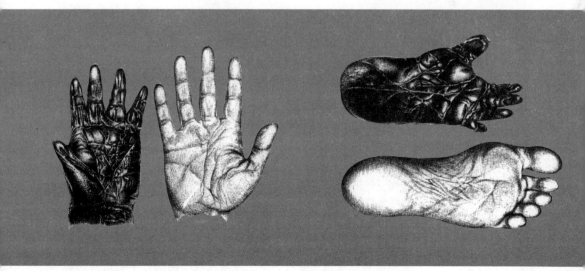

化学家的神奇眼睛
The spectral analysis
——光谱分析法

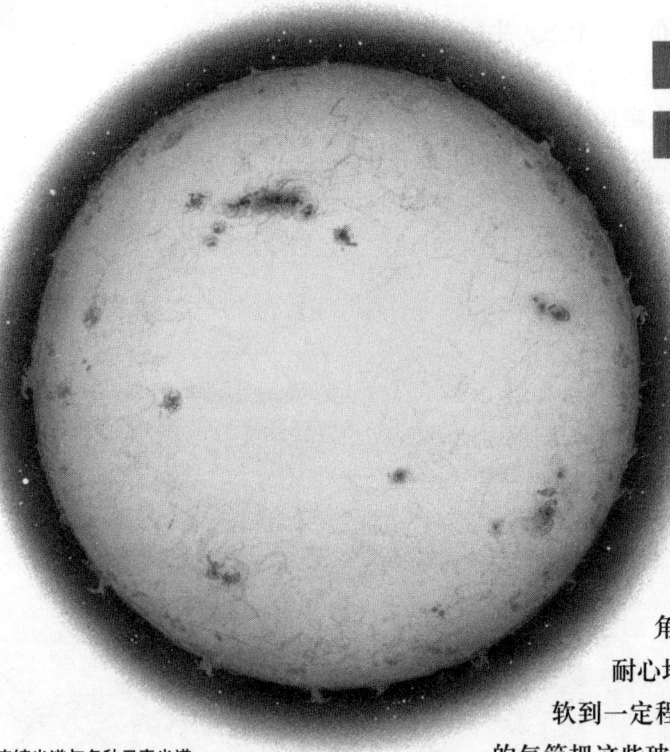

连续光谱与各种元素光谱

太阳的表面温度高达5500度，在这样的温度下会生成可见光中的所有颜色。但阳光经过大气圈时，大气圈中较冷的外层中的原子吸收了阳光中某些频率的光。这样，太阳光谱上就出现了被称为夫琅和费谱线的暗线条。如右图所示：夫琅和费谱线的不同位置，分别表示太阳大气圈中的不同元素。

19世纪的德国化学家本生有个习惯，那就是自制实验仪器如烧杯、试管、漏斗等。没想到，这一习惯引出许多故事。

一个冬日的下午，本生独自待在实验室的角落里，守着一个火炉，耐心地烧着玻璃，等到玻璃变软到一定程度，他便用事先准备好的气筒把这些玻璃吹成各种各样的形状。然后再放到特制的模具加工成型，造出需要的实验器皿。自己制造器具，既节约实验成本，用起来又方便顺手。美中不足的是，火焰的温度不好控制，导致出了好多废品。于是他开始研制更好的灯来烧制玻璃。

1853年，他成功地发明了本生灯。该灯的火焰可达到2300℃，而且没有颜色，不会干扰对实验结果的观察。在烧制实验器具以及做实验时，本生逐渐发现不同的化学物质被灼烧时会呈现不同的焰色，如灼烧玻璃时，火焰呈黄色；灼烧钾盐时火焰又变成淡紫色；钠盐则为黄色；钡盐在被灼烧时火焰为黄绿色；而灼烧铜盐时火焰又出现蓝绿色。五颜六色的火焰使本生意识到，通过物质被灼烧时火焰的颜色就可以辨明物质的组成。想到此，他忙碌起来，在最短的时间里灼烧了他所能找到的金属和金属盐，并记录它们的火焰颜色。最后他发现，多数金属或金属盐灼烧时火焰呈不同的颜色。这就是著名的焰色反应实验。

通过焰色反应实验，确实可以很轻松地检验、区别许多单质，但遇上化合物时，火焰呈混合颜色，这种方法就显得黔驴技穷。为此，本生大伤脑筋。

正当他一筹莫展之际，一个熟悉的身影出现在他面前，原来是物理学教授基尔霍夫。基尔霍夫问清缘由之后，笑着对本生说："简单得很嘛，车路不通走马路。我们搞物理的认为仅靠观察火焰颜色来判别物质是不准确的，而它们的光谱更能准确地反映其本质。"

"光谱？"本生一时没反应过来。

基尔霍夫又接着说道："你呀，只盯着化学是不行的，有时需要物理和化学协同作战，才能攻克科学的堡垒。这样吧，我把那块珍藏40多年的石英三棱镜拿来，合作观察一下那些物质的光谱，结果会怎样呢？"

本生自然欣然领诺。次日，二人一起来到本生的实验室，将一架直筒望远镜和棱镜片连在一起，制成世界上第一台光谱分析仪。仪器装好后，本生开始在物镜一侧灼烧各种不同的物质，如纳盐、钾盐、锂盐等。基尔霍夫则在目镜一侧观察、记录，两条黄线；一条紫线和一条红线；一条明亮的红线，一条较暗的橙线。经过系列试验，他们确认：每种元素都有特定的谱线，而化合物混在一起的谱线可通过棱镜把分属各元素的谱线分开，使之射到相应的位置上，

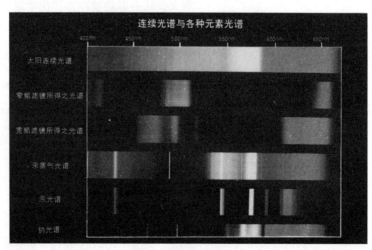

连续光谱与各种元素光谱
因为每种元素都有特定的谱线。所以，通过对光谱的分析和确定就可以确定不同的元素。

铷的发现

1861 年 2 月 23 日, 本生和基尔霍夫将处理云母矿所得的溶液, 加入少量氯化铂, 即产生大量沉淀, 在分光镜上鉴定这种沉淀时, 只看见钾的谱线。后来, 他们用沸水洗涤这种沉淀, 每洗一次, 就用分光镜检验一遍。他们发现, 随着洗涤次数的增加, 从分光镜中观察到的钾的光谱线逐渐变弱, 最后终于消失, 同时又出现了另外两条深紫色的光谱线, 它们逐渐加深, 最后变得格外鲜明, 出现了几条深红色、黄色、绿色的新谱线, 它们不属于任何已知元素。这又是一种新的元素。因为它能发射强烈的深红色谱线, 就命名为铷 (rubidium)。

最后再加以综合分析。这就是所谓的光谱分析法。

这个新的化学成分分析法诞生后, 很快显示出其威力。本生等人用它在 1860 年发现了新元素铯, 又于第二年发现了铷。另外, 铊、铟、镓、钪、锗等元素也都是通过该方法发现的。不仅如此, 本生和基尔霍夫联合发明的光谱分析法还可以用来分析太阳和其他恒星的化学成分。1859 年, 他们让一束阳光射入光谱仪的物镜, 在目镜中看到了钠 -D 双暗线。开始时他们以为太阳上缺少钠元素, 稍后考虑到炽热的钠蒸汽既能射出钠 -D 双线, 同时又吸收这种射线, 经过与煅烧生石灰的光谱对比分析, 最后确定太阳是含有钠元素的。这一年的 10 月, 基尔霍夫向柏林科学院提交报告公布, 太阳含有钠、铁、钙、氧、镍等多种元素。

基尔霍夫居然测出 1.5 亿千米以外的太阳的化学成分, 这个消息不胫而走, 整个欧洲科学界都被震动了。

光谱分析法的出现, 在化学史上有着超乎寻常的意义。这一方法被称为"化学家神奇的眼睛。"

本生小传

罗伯特·威廉·本生于 1811 年 3 月 31 日出生在德国哥廷根的书香门第。他从小受到良好的教育, 在哥廷根读完小学、中学后, 以优异的成绩考入霍茨明登大学预科, 又进入哥廷根大学系统学习化学、矿物学和数学等课程, 于 1830 年获博士学位。从 1830 至 1833 年间, 本生步行游历欧洲, 遍访化工厂、矿产地和实验室。然后担任哥廷根大学的教师, 1843 年成为布勒斯劳大学化学教授。这时他遇到了基尔霍夫。二人共同发明了光谱分析法。本生在科学领域涉猎很广, 成就斐然, 却淡泊名利。1899 年 8 月 16 日, 本生逝世, 享年 88 岁。

从麻沸散到
From powder for anesthesia to modern anesthetic
现代麻醉药

　　人类自古以来就苦苦找寻治病止痛的良药，如我国古代就流传着神农尝百草，一日而遇七十毒的故事。

　　在中国，比较成熟，专门用于手术麻醉的药剂还得从华佗的麻沸散说起。华佗，是中国古代杰出的医生，生活在东汉末年。那时连年战乱，人民伤病很多。华佗医道纯熟，妙手回春，却苦于没有麻醉药眼睁睁地看着手术病人痛苦地抽搐、惨叫而束手无策。

　　一次，他喝醉了酒，一天一夜都人事不省。夫人急坏了，就用扎银针的方法加以抢救，华佗却没有丝毫反应。后来他酒醒了听夫人讲了此事大为惊奇。他想，既然酒喝多了就可失去知觉，何不用此法来缓解手术病人的疼痛，他想。一试果然灵验。美中不足的是，用酒麻醉持续时间较短。那有什么好办法解决这一难题呢？华佗也不得而知，只是每天照常出诊给人治病。

人体麻醉的类型
根据手术的不同，对人体的麻醉可采用局部麻醉和全身麻醉等方法。本图就是几种不同的麻醉方法。

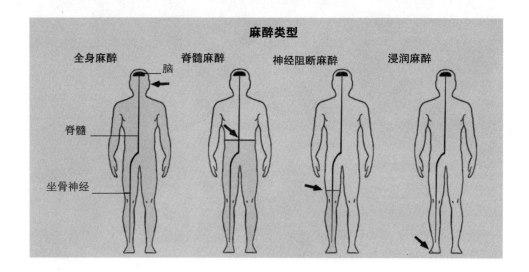

麻醉类型

全身麻醉　　脊髓麻醉　　神经阻断麻醉　　浸润麻醉

脑

脊髓

坐骨神经

一天，他正在家中整理医学手稿，突然几个村民风风火火地来到家里叫他快去看一个病人，还说去晚了就怕没救了。华佗拎起药囊跟他们来到病人家里。病人的样子是挺可怕的，只见他眼睛瞪着，牙关紧闭，嘴角淌着白沫，躺在地上一动不动。华佗不愧是名医，他摸了一下病人的脉相，说不要紧，然后用清凉解毒的方法救醒病人。原来他是误食一种叫洋金花的毒草所致。华佗走时带上了这些洋金花，回到家里将其炮制成麻醉药，再将药剂与热酒调和，效果奇佳。这种药剂称为"麻沸散"，是纯中药制剂，为无数手术病人解除了痛苦，可惜在华佗死后这种方法就失传了。

东方的中国在2世纪出现了麻沸散，同时代的西方医生们普遍使用着野生罂粟花和莨菪作为麻醉剂。古罗马人认为疗效最好的麻醉剂是曼德拉草。普林尼在75年曾对该药作

1846年，美国医生莫顿开创了乙醚为病人麻醉的先例

欧美医生在临床时一直在探索更为安全、简便的麻醉剂。美国医生莫顿在这方面取得了突破性的进展，1846年，他发现乙醚具有很好的麻醉效果，而且很安全，它对人体的副作用很小。

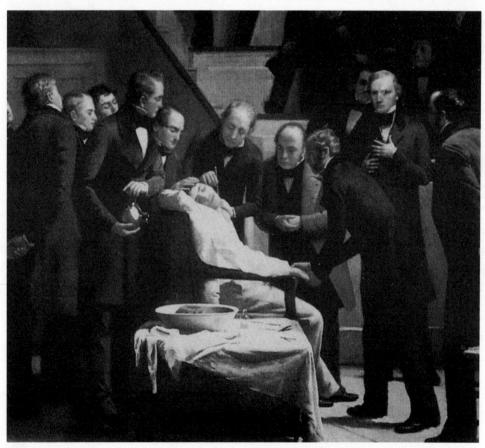

过如下描述："曼德拉草使用的剂量应与患者的强健程度成正比，中等剂量为三汤匙。用水冲服可治蛇咬，在做外科手术之前服用则起到麻醉作用。尽管诸如此类的麻醉剂已出现，但由于剂量不好把握，有时会带来危险，大多数小手术还是不用麻醉剂。

随着时间的推移，欧洲进入漫长的中世纪。这时，人们仍然使用上述麻醉药，只是在摄取方式上有了一些进步。主要的是"催眠海绵"法，即把诸如鸦片、曼德拉草、莨菪与海绵一同浸泡在水中。然后取出海绵敷在患者嘴上，让其吸入少许药味，就可以达到麻醉的效果。

稍后的英格兰人还使用了一种叫作"德韦尔"的麻醉剂。该饮剂的配料不仅包括鸦片、莨菪等毒物，还有醋剂和泻根等起到抵消前者毒性的作用。这样就使得麻醉过程更为安全可靠。

不过，麻醉的根本性改观还是在近代。18世纪中叶，普利斯特里发现了氧化亚氮（笑气）的麻醉作用。1818年Faday发现乙醚，20年后用于手术麻醉成效显著，却未被广泛使用。1846年10月16日，美国康涅狄格州哈特福德市的牙医莫顿当众给病人施行了乙醚麻醉，然后由主刀医生将患者下颌部的肿瘤切除。如此一来，乙醚的麻醉作用才为世人知晓和认可。第二年，英国的产科医生开始用乙醚为产妇麻醉镇痛。几年以后，氯仿悄然进入麻醉领域，最为出名的例子就是维多利亚女王临产时就使用了氯仿作为麻醉剂。

特殊的麻醉方法

一般的麻醉手段都是通过简单地吸入或注射麻醉剂（如乙醚、氯仿等）达到预期效果，而在18世纪末的欧洲，就出现一种降温麻醉法。到了19世纪和20世纪初，该方法更为成熟。如1902年，Simpson把乙醚麻醉的动物降温到25℃左右。然后就无须对其进行持续麻醉，手术照样可以顺利进行。1905年，Swan试行全身体表降温，减缓循环，再进行心脏手术，获得成功。

1898年，August bien把腰麻引入这一领域。1903年，人们合成了巴比妥类衍生物，作为催眠镇静的药物。1920年，Migill发明气管插管的麻醉方法，可以在麻醉期间防止呼吸停止。第二年，硬膜外麻醉诞生。1934年，硫喷妥纳应用于临床麻醉，后发展成为现代静脉麻醉的主要药物。1942年，南美洲出产的箭毒作为肌松药用于临床，顺利解决了过去麻醉程度很深（甚至濒临死亡）但肌肉仍不松弛的问题。这类麻醉剂因其特点被称为肌松药。

进入80年代以后，麻醉的研究重点转向提高麻醉的安全性，降低其毒副作用方面。如以异氟醚、地氟醚等代替乙醚，使麻醉过程安全迅速、苏醒及时。

M 孟德尔
undell's breakthrough
的突破

子孙长得像长辈这一现象并不稀奇，甚至可以说很普遍。历史上，科学家曾探索这一问题，如拉马克曾在其专著《动物学哲学》中提出遗传问题。而稍后的达尔文对遗传的规律做了进一步地探索，并在1859年发表的《物种起源》一书中把遗传和变异作为自然选择原理的基础。但是，到了1866年孟德尔发表了《植物的杂交实验》一文，人们才弄清了这一现象的根本规律所在。

奥地利遗传学家孟德尔

格雷戈尔·约翰·孟德尔（1822～1884）出生于西里西亚的一个农民家庭，受教育不是很多，但从小博闻强识，掌握了许多植物学、动物学等领域的知识。他成年后进入修道院，协助克拉谢尔管理植物园，期间在多普勒和克拉谢尔影响下做杂交实验，从中发现了植物遗传性状的传递规律。

孟德尔主要贡献之一就是首先提出遗传单位，即基因的概念。他通过实验发现植物种子内部存在稳定的遗传因子，这种遗传因子来自父本和母本，成对出现，物种的性状是由它们控制的。孟德尔还意识到基因分为显性基因和隐性基因。其差别在于前者表现出来，而后者往往不表现出其性状。

孟德尔在提出遗传基因的基础上，又进一步阐述两条重要的遗传规律，史称"孟德尔定律"，其中首推分离定律。

推出分离定律的实验材料用的是豌豆。这是因为豌豆表现的性状很容易准确识别，杂种也可育，便于观察多代遗传的特点。另外其生长期较短，可以缩短实验周期。尽管如此，杂交试验也持续了8年。科学创新的艰辛在此可见一斑。孟德尔将具有不同性状的豌豆杂交，发现杂种性状只类似于亲本中的一个，而不是两个亲本性状的折中，而杂种自交产生的子二代发生了性状分离。他通过大量试验，统计分析得出杂种后代性状的分离比率为 3 : 1。这就是有名的孟德尔第一定律——分离定律。

在得出分离定律之后，孟德尔又进行新一轮的实验。他先找出具有双显性基因的母本，如豆粒的黄颜色性状相对于绿颜色性状为显性，还有圆滑相对于皱形是显然。再找出具有双隐性基因的父本，最后将其杂交，发现子一代个体均呈现显性特征，子二代的个体不但出现显性和隐性特征，还出现了兼有显性和隐性特征的个体，如黄色皱形豆粒。孟德尔由此得出自由组合的遗传定律，即生殖细胞在形成过程中，不同对的等位基因可自由组合，且机会相等，继而形成具有不同性状的配子。这也

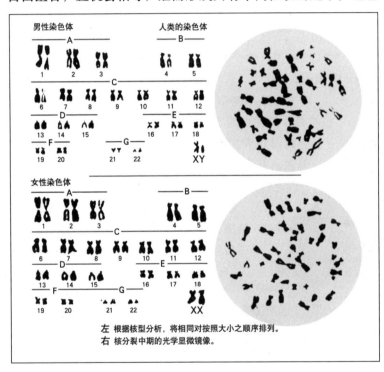

左 根据核型分析，将相同对按照大小之顺序排列。
右 核分裂中期的光学显微镜像。

人类的染色体决定遗传基因
人是结构最为复杂的生物。在人的众多基因中，决定人性别的是 X 与 Y 两种基因，通过左图你可以清晰地看到男女的性别形成是由什么决定的。

被称为孟德尔第二定律。

孟德尔提出的生物遗传定律，显然没有得到人们的重视，但他的成果意义十分重大，这些定律今天仍在育种实践领域广泛应用，而且他创立的遗传分析方法与细胞学方法、数学统计法、物理化学法并称生物学研究的四大方法。

孟德尔遗传理论确实为生物学开创了全新局面，可与达尔文的进化论并驾齐驱，不愧为现代遗传学的奠基人。

N諾貝爾
obel and safety explosion
和安全炸药

瑞典化学家诺贝尔
他发明的安全炸药为人们在
生产领域提供了很大的方
便。但它的另一个副作用就
是促进了战争的升级。

诺贝尔，全名阿尔弗雷德·伯纳德·诺贝尔，1833年10月21日出生在瑞典首都斯德哥尔摩。幼年的诺贝尔家境贫苦，但受作为发明家的父亲的影响，热衷于发明创造。

诺贝尔从小勤奋好学，虽然只接受过一年的正规学校教育，但他精通英、法、德、俄、瑞典等多国语言，甚至可以用外文写作，其自学能力可见一斑。不只在外语，在发明领域小诺贝尔的学习劲头更足，他可以连续几个小时观察父亲的实验。

在诺贝尔9岁的那一年，父亲带他去了俄国，并为其聘请了家庭教师，教授小诺贝尔数、理、化方面的基础知识，为他日后搞发明打下了基础。同时，诺贝尔在学习之余在父亲开的工厂里帮助。这使他的动手能力进一步增强，并具备了生产和管理方面的知识和经验。

当时由于工业革命的开展和深入刺激了能源、铁路等基础工业部门发展。为了提高挖掘铁、煤、土石的速度，工人频繁地使用炸药，但当时的炸药无论是威力，还是安全性能都不尽人意。意大利人索布雷罗于1846年合成了威力较大的硝化甘油，可惜安全性太差。那时又盛传法国人也在研制性能优良的炸药，这一切促使诺贝尔的注意力转移到炸药上来。

1859年，在家庭教师西宁那里，诺贝尔第一次见识了硝化甘油，西宁把少许硝化甘油倒在铁砧上，再用铁锤一敲便

诱发了强烈的爆炸。诺贝尔对硝化甘油做了进一步分析，发现无论是高温加热还是重力冲击均可以导致其爆炸，他开始为寻求一种安全的引爆装置而忙碌。经过无数次实验，最后他发现若是把水银溶于浓硝酸中，再加入一定量的酒精，便可生成雷酸汞，这种物质的爆炸力和敏感度都很大，可以作为引爆硝酸甘油的物质。

用雷酸汞制成的引爆装置装到硝酸甘油的炸药实体上，诺贝尔亲自点燃导火索，只听"轰！"的一声巨响，实验室的各种器物到处乱飞，他本人已被炸得血肉

黑色炸药
它具有威力大的特点，但缺点是体积大，运输不便。

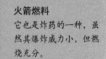

火箭燃料
它也是炸药的一种，虽然其爆炸威力小，但燃烧充分。

模糊。从废墟中爬出来他用尽最后一点气力说，"我成功了。"然后就昏死过去。科学的进程是如此悲壮！不管怎样，雷酸汞雷管发明成功，他在1864年申请了这项专利。很快，诺贝尔的发明传播开来，用于开矿、筑路等工程项目中，大大减轻了工人们的挖掘强度，工程进度也快了许多。正当人们沉浸在炸药给生活带来的幸福之中时，灾难却向诺贝尔一家袭来。

一般焰火
这是最原始的炸药，威力小，几乎没有实用价值。

1864年9月3日，诺贝尔的弟弟埃米尔和另外4名工人在实验中被炸身亡，不久年迈的老诺贝尔因经不起丧子之痛含悲而逝。诺贝尔强忍巨大悲痛，在斯德哥尔摩郊外采点设厂，开

始整批地生产硝化甘油。但世界各地的爆炸事故接连不断，有些国家的政府为此甚至禁止制造、运输和贮藏硝化甘油，这给诺贝尔的事业带来极大的困难。经过慎重考虑，诺贝尔决定赴美国加利福尼亚就地生产硝化甘油，并研制安全炸药。在试验中，他分析了一些物质的性质，认为用多孔蓬松的物质吸收硝化甘油，可以降低危险性，最后设定25%的硅藻土吸收75%的硝化甘油就可形成安全性很高的炸药。

威力强劲、使用安全的猛炸药的出现，使黑色火药逐步退出了历史舞台，堪称炸药史上的里程碑。诺贝尔在随后的几年里，又发明了威力更大、更安全的新型炸药——炸胶。1887年燃烧充分、极少烟雾残渣的无烟炸药在诺贝尔实验室诞生了。

循着威力更大、更安全和更符合人的需要的原则，诺贝尔在发明炸药道路坚定不移地走下去，为人类的进步做出了杰出的贡献，受到后人的尊敬。

诺贝尔奖章
诺贝尔奖金质奖章正面(下)
反面(左)

诺贝尔奖

1896年12月10日，伟大的科学家诺贝尔逝世于意大利。遵照其遗嘱，他的大部分遗产（约900万美元）作为设立诺贝尔奖奖金的基金，每年提取基金的利息，重奖为人类进步事业做出重大贡献的后人。诺贝尔在他的遗嘱中明确，获奖的唯一标准是其实际成就，而不得有任何国籍、民族、肤色、信仰等方面的歧视；奖金每年颁发一次，授予前一年中在物理学、化学、生理学、医学、文学、和平等5个领域里"对人类做出最大贡献的人"。该奖于1901年12月10日，即诺贝尔逝世5周年纪念日首次颁发，至今已有超过500人获此殊荣。诺贝尔临终设立此奖，是其对人类科学文化事业的进步的又一重大贡献，永远值得后人景仰。

D 门捷列夫
eciphered the riddle of elements
破解元素之谜

19世纪以来，化学领域重大突破接连不断。继原子—分子论之后，对元素性质和分类的认识也进一步深化。

1864年，德国化学家迈耶尔根据各元素的化学性质，排出"六元素表"，它已初具周期表的轮廓。第二年，英国的化学家纽兰兹发现：若把已知元素按原子量大小顺次排列，相邻的八元素性质相似。由此，他戏称这个规律为"八音律"。这些科学家对化学元素之间的关系的描述促成了人类对化学元素认识上量的进步，而俄国的门捷列夫发表的元素周期表则是质的飞跃。

门捷列夫1834年生于俄国的西伯利亚，由一个政治流放者完成了对他的科学启蒙。后随母亲来到彼得堡，进入中央师范学院自然科学系学习，逐步形成了唯物主义世界观，坚信各种元素的质量和化学性质之间必然存在某种联系。他试图找出这种关系。

大学毕业后，门捷列夫被派往敖德萨任中学教师，为了教学的方便和高效，他决定寻求一种合乎逻辑的方式将当时已知的65种元素进行排列组合，不过尝试了几种方法都失败了。最后，门捷列夫决定按各元素的化学性质分门别类再插入到教科书的各个章节。为此，在仔细研究了各种元素的特点之后，将每一种元素的化学性质、物理性质、化合价、原子量等都记在一张小卡片上，最后60多张卡片构成一副门捷列夫特有"扑克牌"。他把这副扑克牌时时刻刻拿在手里，不停地翻看、排序，翻了一遍又一遍，排完了又重排一遍，不厌其烦，甚至在吃饭、会客时也不例外。

久而久之，门捷列夫逐渐发现这些元素性质特点的规律：把全部已知元素按原子量递增顺序排列，相似元素就会依一

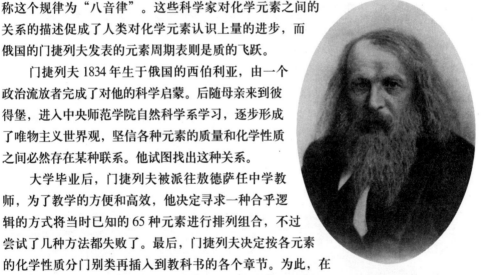

俄国化学家门捷列夫
他第一个发现了各种元素之间的规律，于1869年完成了第一张较为完整的元素周期表，形象地解释了各种元素之间的关系。

定间隔出现。同时，门捷列夫还预见了元素周期律表格中的空白应该由尚未发现的元素来填补。他还估计了这些元素的属性。门捷列夫于 1869 年 3 月 1 日完成一份元素周期表，形象具体地解释了元素周期律。

门捷列夫在一篇名为《元素属性和原子量的关系》的论文中将周期律的基本思想阐述为：

（1）原子量的大小决定元素的性质，而其性质呈现明显的周期性。

元素周期表

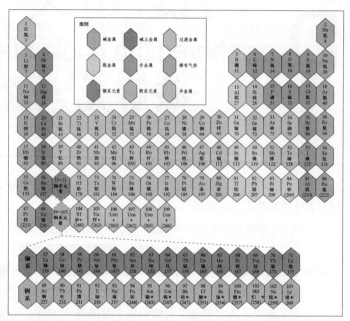

（2）许多未知元素的同类元素将按其原子量大小被发现。

（3）可以通过元素的性质修正该元素的原子量。

门捷列夫发现的元素周期律说明，化学元素有着系统的分类体系，它们当中存在着一条严整的自然序列。这一发现为化学研究提供了新的理论基础，被称为化学的"圣经"。门捷列夫本人由于发现元素周期律，而被称为"俄国科学的门神"。

元素周期表的作用

元素周期表的出现对于现代化学有着特殊的意义。具体而言，可以分为如下几个方面。

一是可以据此有计划、有目的地去探寻新元素，既然元素是按原子量的大小有规律地排列，那么，两个原子量悬殊的元素之间，一定有未被发现的元素，门捷列夫据此预测了类硼、类铝、类硅、类锆 4 个新元素的存在，不久，预言得到证实。以后，别的科学家又发现了镓、钪、锗等元素。迄今，人们发现的新元素已经远远超过 10 个世纪的数量。

二是可以矫正以前测得的原子量，门捷列夫在编元素周期表时，重新修订了一大批元素的原子量（至少有 17 个）。因为根据元素周期律，以前测定的原子量许多显然不准确。以铟为例，原以为它和锌一样是二价时，所以测定其原子量为 75，根据周期表发现铟和铝都是二价的，断定其原子量应为 113。它正好在钙和锡之间的空位上，性质也合适。后来的科学实验，证实门氏的猜想完全正确。

三是有了周期表，人类在认识物质世界的思维方面有了新飞跃。例如，通过周期表，有力地证实了量变引起质变的规律，原子量变化，引起了元素的质变。

T 天才
he genius Maxwell
麦克斯韦

成功的百分之九十九要用汗水铸就，但也不可否认天才确实存在。19 世纪的詹姆斯·克拉克·麦克斯韦就是一例，但他像一颗划破夜空的耀眼的流星，转瞬即逝。

麦克斯韦 1831 年出生于英国苏格兰的一个名门望族。他出生的那年，法拉第刚刚发现电磁感应。他确确实实是一个天才，10 岁左右便在数学上崭露头角。14 岁时他发明了用大头针和棉线做出准确椭圆的方法，并将其整理成一篇小论文发表在《爱丁堡皇家学会学报》上，由此获得爱丁堡学院数学奖。很快，他又完成两篇论文——《关于摆线的理论》和《论弹性体的平衡》，交给皇家学会。

1850 年，麦克斯韦进入剑桥大学的三一学院学习数学和物理。1855 年，刚刚毕业的麦克斯韦进入电磁研究领域，这一年法拉第又恰好告退，但二人还是走到一起，看来他们的缘分

英国物理学家麦克斯韦

麦克斯韦在物理学上的主要贡献在于他对电磁学的研究，他的一系列研究成果为电和磁之间的相互转化奠定了理论基础。

确实不浅。法拉第富有物理学洞察力，数学一塌糊涂，专攻实验研究。而麦克斯韦长于理论概括和数学方法，他以数学方式准确地表述了法拉第的物理思想。二人珠联璧合，通力合作，联手把近代电磁学向前推进一大步。

1855 年，麦克斯韦发表了《论法拉第的力线》一文，第一次采用几何学的方法，对法拉第磁力线概念做出准确的数学表述。此举不但直接推进了实验研究，而且暗含了他日后得出的一些重要思想，为其进一步研究扫清了道路。

麦克斯韦在 1862 年发表的《论物理的力线》中提出了"位移电流"和"涡旋电场"等概念，在诠释法拉第相关实验结论的同时，发展了法拉第的思想。这是电磁理论首次

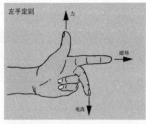

左手定则

力

磁场

电流

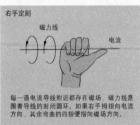

右手定则

磁力线

电流

每一通电流导线附近都存在磁场，磁力线是围着导线的封闭圆环。如果右手拇指向电流方向，其余弯曲的四指便指向磁场方向。

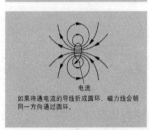

电流

如果将通电流的导线折成圆环，磁力线会朝同一方向通过圆环。

电流

如果通电流的导线折成许多圆环（一个线圈），磁场的形状会类似于磁棒的磁场。

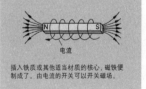

N   S

电流

插入铁质或其他适当材质的核心，磁铁便制成了。由电流的开关可以开关磁场。

电磁原理图

上图依次为左手定则、右手定则以及电流产生磁的示意图，它用生动形象的图示语言概括了电磁理论。

较为完整的表述。

1873 年，麦克斯韦写出了著名的麦克斯韦方程组，以简洁、优美的数学语言对电磁场作了完整表述。此外，他汇总了从库仑、安培奥斯特到法拉第再加上其个人研究成果，写成《电磁学通论》一书。该书堪称电磁理论的集大成之作，对麦克斯韦以前的电磁学进行了深刻分析和全面总结，具有极高的学术参考价值。爱因斯坦称之为"物理学自牛顿以来的一场最深刻最富成果的变革"。

麦克斯韦的高明之处在于把电和磁统一起来。他意识到二者之间的相互转化，认为其以波的形式传播扩散。他称这种波为电磁波，并预言了光波的存在。因为电磁波传播的速度与当时测定的光速相等，从而使麦克斯韦方程也成为光学的基本定律。

"尽管麦克斯韦理论具有内在的完美性并和一切经验相结合，但它只能逐渐地被物理学家所接受。"物理学家劳尼如是说，事实也是这样，没有几个人能弄懂他的理论，他们认为"他的思维太不正常了。"但是金子总有一天会发光的，麦克斯韦逝世 10 多年后，德国物理学家完成了对电磁理论的验证工作。至此，麦克斯韦理论广为世人所接受。从法拉第到麦克斯韦，再到赫兹，科学的进程如同一场超越时空的接力赛。

无论如何，麦克斯韦的《电磁学通论》揭示了电磁现象的普遍规律，标志着电磁理论体系的成熟，麦克斯韦本人也因此被誉为电气时代的缔造者。

《电磁学通论》

《电磁学通论》又译为《电和磁》，是麦克斯韦 1873 年完成的经典著作。在该书中，他没有发展自己早期提出的电磁模型，而是专门进行他从这一模型所获得的数学方程的研究。他认为自己的方程已经足够清楚，根本不需要任何模型作为补充。该书在结构上以迂回的方式从法拉第的力线概念转到流体场的机械模型，而后又进展到他的数学理论，同时列出一系列的方程组。这些方程概括了各个电磁学实验定律，而且超越了已有的实践认识，升华到更具有普遍性和预言能力的一般性理论。麦克斯韦在这一部著作中，对电磁理论作了全面、系统、严密的论述，并从数学上通过"唯一性定理"证明了方程组的解是唯一的。因此，人们完全相信，麦克斯韦方程组能够完全和充分地反映电磁场的客观运动规律。

B贝尔
el invented the telephone
发明电话

电话是一个叫作亚历山大·贝尔的青年发明的。1847年3月3日，贝尔出生在英国的爱丁堡。他的父亲和祖父都热衷于语音学研究，这也许算得上贝尔发明电话的一点渊源吧。但儿时的贝尔可没意识到这些，他像普通的孩子一样不用功学习，后在爷爷的教诲下学习开始上进，为后来的发明奠定了良好的知识基础。

贝尔17岁时进入爱丁堡大学学习语言学，后又在伦敦大学深造。1870年，全家迁往加拿大，后又转移来到美国，继续从事语言方面的研究和教学。为了使聋人听到别人的说话声，贝尔试图在纸上描出声波细线，让聋人读懂别人的话，贝尔在描绘声波的实验中偶然发现：每当接通、切断电流时，线圈就会发出异样的声响。贝尔又反复开关电源，结果是相同的。他突发奇想，若是使电流的变化与声波变化的频率与强度相同，那么声音不就可以与电流传播的一样快、一样远吗？循着自己的思路，贝尔用薄薄的金属片做成电磁开关，电源也与开关连好。他认为只要对着金属片讲话，金属片就会随着声音的振动，导致开关有规律地闭合，电流也会由此产生相应的波动。但是结果失败了，他就这个问题请教几位电学家，不料他们不以为

然。贝尔不是那种轻易放弃的人，1873年的一天，他登门拜访了美国科学院院长约瑟夫·亨利，向他讲了自己的想法：

"先生，您看我是发表自己的看法，由别人去做，还是自己动手去完成它呢？"

"祝贺你，你已有了一项了不起的设想，年轻人。"

"可是……"

正在试通电话时的贝尔

贝尔发现了声音的震动原理，并在此基础上发明了电话。图为他亲自在试验通话的效果。

早期的电话及从事电话交换工作的人
刚开始的时候，电话交换是靠手工来
完成的，所以，电话局需要很多工人。

"干吧，别担心！"

"可是，尊敬的亨利先生，在制作方面还有不少困难，主要是我不懂电学。"

"不懂电学？"

"是的。"

"搞懂它，你会行的，动手干吧。"

从亨利那里回来，贝尔开始刻苦攻读电学方面书籍。一段时间下来，对于一般电学知识，他已了如指掌。贝尔在着手研究电话的过程中，又结识了助手沃特森，更是如鱼得水。贝尔按照原来的思路，做成两部所谓的电话机，分置在两个房间，中间以导线相连。二人一人守一处，反复调试，毫无结果，一直到1875年6月2日事情才有了些转机。

这天早晨，二人来到各自的房间，沃特森开始通过电话向贝尔发信号。贝尔则不停地调整听筒的振动膜，忽然听到话筒发出了一些异样的声音。他仔细加以分辨，最后确认这是沃特森发出的讯号。他疾步冲向沃特森房间，让他把刚才的一切加以多次重复，结果证明这种讯号的传播是稳定的。两人最终确认：人的声音首先振动了话筒的膜片，从而使底部的U型磁铁形成的磁场发生有规则的变动，促使缠在磁铁上的线圈产生的感应电流也发生相应的波动。这种波动随电流沿着导线传到另一端的电话。电流传递声音终于成为现实。贝尔终于在1875年的3月10日制成了一部可以清晰通话的电话机，并于第二年2月14日获得专利。

在完成了电话机的发明之后，贝尔充分利用一切机会向公众宣传，并于1877年成立贝尔电话公司，开始电话的商业运作。事实真的如他在给父亲信中说的那样，"一切都是我的，我肯定会获得荣誉、财富和成功。"

本茨
Benz's automobile
的汽车

最早的汽车拉力赛

现在谈到汽车拉力赛，人们便自然而然地想到各式各样精致的跑车，时速个个达到几百公里。可当年汽车刚发明时的汽车比赛可没这么风光。19世纪末，出现了各种类型的汽车，它们互相竞争。在1894年，法国巴黎举行了首届汽车比赛。启事是这样写的："各种各样的车辆不论其动力是蒸汽的、燃气的、汽油的还是电的，都可以申请参加比赛。"结果，仅在预赛中，大部分车子就抛锚，被淘汰了。决赛中的21辆车，也仅有15辆到达目的地，但值得一提的是：15辆中有9辆使用戴姆勒发动机。在第二年的巴黎——波尔多长途汽车赛中，汽油汽车再次把蒸汽汽车抛在后面。从此，汽油汽车在运输领域取得主导地位。

车的历史是悠久的，但汽车的历史却不是很长，它是19世纪末才开始出现的。

1854年，德国工程师奥托试制内燃机，几经挫折，最后制造出一名四冲程煤气内燃机，后又改进为以汽油为燃料的四冲程常规活塞内燃机，为日后的汽车提供了心脏。到了1880年，发明家戴姆勒萌发了用内燃机改造蒸汽自行车的想法。他先制成了一台小型高效内燃机，然后把它安装在二轮自行车上。这俨然是一辆摩托车，还算不上是汽车，但对于汽车的发明起到了很大推动作用。

有了把内燃机装在自行车的尝试，就有人试着把它装在马车上，制造所谓"无

较为成熟的汽车
到20世纪初，汽车已发展到比较成熟的阶段，已基本具备了现代汽车的雏形。

反光镜　挡风玻璃　为后座乘客准备的折叠式挡风玻璃　车篷

备用胎　工具箱　充气的轮胎

本茨汽车
本茨的第一辆汽车还未脱离四轮马车的痕迹，它所用的轮胎还是木质实心的。

改进的本茨汽车
在实际使用中，本茨发现实心轮胎既颠又不安全，于是改用充气的橡胶轮胎。这样既安全又舒适。

马的马车"。德国人卡尔·本茨就是其中杰出的一位。他在 1886 年，研制了一台小型汽缸，并用它做成一部链式引擎，与戴姆勒内燃机相比更为小巧，更为高效。之后，本茨将自己发明的内燃机安装在一辆三轮车上，构成一辆新的先进自行车。鉴于它用汽油内燃机作动力，故人们称之为"汽车"。

第一部汽车重达 250 公斤，功率约为 25 ～ 29 千瓦，时速不超过 20 千米，当时售价约为 2 万马克。开始时本茨的汽车很不完善。它的车轮仍为木质的，外面包一层金属皮，9 年以后汽车才装上了轮胎。车轮这一部分才有一点现代汽车的样子。后来，美国的亨利·福特为提高汽车行驶的稳定性，研制成功了四轮汽车。这时汽车才基本具备了现代汽车的外形。

卡尔·本茨本人对自己发明的汽车，也不是十分满意，尤其是点火系统。多次实验后，他才发明出今天普遍使用的高压电火花点火。正当本茨的汽车一步步走向成熟和完善，准备正式试车时，官方却莫名其妙地阻止他试车。这使他极为懊恼，但又没有办法。最后还是本茨夫人帮了大忙。她不顾官方禁令，毅然推出车子跳了上去，发动好车，沿着门前的马路疾驶而去。行人望着这位妇女驾驶的奇怪车辆目瞪口呆，本茨夫人旁若无人地开着车兜了一圈，又回到住处。她可能是世界上第一个开车兜风的人，却无意间宣告本茨汽车试车成功。

对于本茨发明的汽车，人们惊诧不已，议论纷纷，媒体也十分关注。当时的一家报纸是这样报道的："大家把这辆车子当作汽车……它不仅可以在笔直的道路上行驶，而且可以在较大的斜坡运输。正如一位推销商可以带上他的样品无拘无束地驾驶这辆车……我们相信，这种车子将有良好的前景，因为这种车使用简便、速度极快，是最便宜的运输工具，甚至也适用于旅游者。"可见，当时的人们充分估计了汽车发展前景和即将担负的责任。

尽管如此，汽车并没有很快成为实用交通工具。其原因有二，其一是由于它的大部分零部件均系手工完成，制造成本注定很高；其二是工艺不是很精，乘坐舒适度较差，所以许多年里，汽车仅作为富人们外出备用的交通工具。

戴姆勒的汽车发明

戴姆勒将资金和精力投入到他的甘斯塔特别墅花园里的试验工厂。才华横溢的迈巴赫也和他并肩工作。到 1884 年，他们对奥托的四冲程发动机锲而不舍的开发工作获得了回报，一种能安装在车辆上的更轻更小的发动机产生。这个发动机首先安装在一辆自行车上，这就是最早的摩托车。1886 年，戴姆勒和迈巴赫在世界上最早的四轮汽车上安装了改进的发动机。与此同时，卡尔·本茨也在曼海姆的工厂发明了他的三轮机动车。

但这些不能阻碍汽车前进的步伐。20 世纪初，汽车生产开始上规模，并很快形成汽车工业。人类由此跨入了汽车时代。本茨被称为为世界安上轮子的人。

大发明家
The great inventor Edison
爱迪生

爱迪生

爱迪生是世界历史上最有成就和最伟大的发明家。他的1000多项发明几乎每一项都与人们的日常生活息息相关。他的发明彻底改变了人们的生活方式。今天，在我们日常生活中所用的每一种电器都刻有爱迪生的影子。

　　托玛斯·爱迪生是人类最伟大的发明家之一，一个人有1000多项发明在人类历史上实属罕见。

　　爱迪生，1847年2月11日出生在美国俄亥俄州的米兰镇，在家中是最小的孩子。父亲是木匠，母亲是教师，家境很差。他只受过3个月的学校教育。就这些背景，无论如何与他1000多项发明成果都是不相称的，但这是铁的事实。于是有人说，那是因为他有一位好母亲，她教子有方，才使爱迪生日后有所成就。

　　确实，爱迪生在小学当了3个月的笨孩子之后，就被母亲带回家，开始了"半工半读"的生活，即白天跟父亲做木工活，晚上跟母亲学文化。爱迪生聪明勤奋。这样的培养方式一方面使他有一定的知识功底，另一方面提高动手能力。爱迪生小小年纪，就在自己家中的地窖里搞起各种小实验。后来由于家庭经济条件恶化，他出去为人赶过马车、当过报童，一个偶然的机会使他有幸成为一位火车电报员。不幸的是由于他在车上做实验引起大火，又被解雇。但任何艰难困苦也不会使这位伟大的发明家有丝毫地退缩。

　　19世纪70年代，第二次科技革命已经展开。各种发明创造层出不穷，但如何记录

爱迪生发明的留声机

人类的声音呢？最后爱迪生回答了这个问题——留声机。

启发爱迪生发明留声机的灵感源于他发明碳粒电话受话器的实验过程。在实验中，他偶尔发现随着人说话声的高低错落，接触在膜片上的金属针也跟着有规则的振颤。这时他突然想到把这一过程倒过来，就可以复制声音。于是爱迪生把锡箔纸卷在带螺蚊的圆筒上，圆筒下有一层薄铁皮，铁皮中央装上一根短针。当他用钢针滑动锡箔纸，果然就发出了声音。爱迪生按这一原理设计制造了世界第一台"会说话的机器"，后来人们又称之为留声机。经过改进，留声机广泛传播开来，传到中国，老百姓叫它"洋喇叭"。

科学家是不容易满足的，爱迪生更是如此。就在留声机在博览会展出时，此君又开始对另一问题着了迷：用电照明。

虽说当时已出现了电弧灯，但它需要 2000 块伏打电池作电源，而且光线灼眼，照明时间也很短，不适于家用。于是，爱迪生开始了新一轮的攻坚战：他几乎把家搬到实验室，吃饭、睡觉都在那里。他有时连续几天做实验，不断地查阅资料，总结前人的成果，探索自己的道路。最后，他把注意力锁定在灯丝上。他先后试着用铬等金属和碳化的棉线作灯丝，由于氧化作用，这些灯丝均被烧断。爱迪生又实验了 1600 多种材料作灯丝都归于失败。最后，他发现抽净灯泡中的空气以后，再用碳化棉丝作灯丝可以维持 40 个小时。爱迪生终于在 1879 年 10 月 21 日发明家用电灯。最终，电灯取代了煤气为广大民众所接受。

爱迪生发明电灯以后，一时声名鹊起，

爱迪生发明的灯泡

通电的灯泡及灯中的发光的灯丝
导体通电后会发光发热这一现象人们很早就知道，但如何让这一现象持久
却是一个很大的难题。爱迪生解决了这个难题，他发明了实用而且耐久的
电灯。

成了公众人物。他却不为所动，又开始考虑如何利用人的视觉暂留现象设计一种可以迅速连续拍照的摄影机，然后把这些照片依次迅速地展现在人的面前，给人的感觉就好像是在看运动的景物或物体。在这一思路指导下，爱迪生又利用他人发明的感光软片，很快制成了摄影机。之后，他又制成了可以连续出现胶片的放映机。至此，爱迪生又完成了他的另一发明"留影机"。

1869 年，爱迪生来到了纽约，靠自己娴熟的技术在一家通讯所找到一份工作，不久他就发明了一种新式电报机。1876 年，他又改进了贝尔的电话，使之投入了实际应用。

爱迪生一生发明成果极其丰富，除了留声机、电灯、留影机之外，还有 1300 多项专利。从他的第一项发明起，以后每 10 天左右就有一项发明问世。爱迪生经过艰苦卓绝的努力，在发明领域做出巨大成就，为人类进步事业做出了巨大贡献。

德莱斯发明自行车

德莱斯（1785 ～ 1851）原是一个护林员，每天都要从一片林子走到另一片林子，多年走路的辛苦，激起了他想发明一种交通工具的欲望。就这样，德莱斯开始设计和制造自行车。他用两个木轮、一个鞍座和一个安在前轮上起控制作用的车把，制成了一辆两轮车。人坐在车上，用双脚蹬地驱动木轮运动。就这样，世界上第一辆自行车问世了。

1817 年，德莱斯第一次骑自行车旅游，一路上受尽人们的讥笑，……他决心用事实来回答这种讥笑。一次比赛，他骑车 4 小时通过的距离，马拉车却用了 15 个小时。尽管如此，仍然没有一家厂商愿意生产、出售这种自行车。

1839 年，苏格兰人马克米廉发明了脚蹬，装在自行车前轮上，使自行车技术大大提高了一步。此后几十年中，涌现出了各种各样的自行车，如风帆自行车、水上踏车、冰上自行车、五轮自行车，自行车逐渐成为大众化的交通工具。以后随着充气轮胎、链条等的出现，自行车的结构越来越完善。

卢米埃尔
Invented modern movies
发明现代电影

提起电影，大家并不陌生。但电影究竟诞生于何时，却存在颇多争议。用事物的影像来表现故事情节的艺术形式（如灯影戏、皮影戏）很早就出现了，而现代电影则产生于 19 世纪。

像其他许多发明一样，电影的发明经历了漫长的过程。电影的产生与视觉暂留现象是分不开的。1825 年，英国人费东和派里斯发明的"幻盘"，以及 1832 年普拉托等人发明的"诡盘"，还有 1834 年英国人霍尔纳制成的"走马盘"，都是利用这一现象把转动的静态图像变成连续的动态图像。

视觉暂留的时间大约为 1/10 秒，因此表现某个事物的动态过程，需要大量的图像。1839 年摄影技术产生，以及曝光时间的缩短使现代电影的产生成为可能。1882 年以后，生理学家马莱在"摄影枪"的基础上，改进制成的"活动底片连续摄影机"，已经具备了现代摄影机的雏形。法国的雷诺于 1888 年制造出了"光学影戏机"（使用凿孔的画片带），

电影的发明者卢米埃尔兄弟

类似今天的动画片技术。从 1892 年起，雷诺时常在巴黎葛莱凡蜡人馆放映动画片。这些动画片在制作时已经利用了近代动画片的主要技术。几乎是同时，爱迪生造成了每格凿有四组小孔的 35 毫米影片，并与"电影视境"同时使用，人们可以通过它看到放大后的影片画面。

爱迪生的发明成果传到法国后，很快被卢米埃尔兄弟采用，并加以改进。他

们在 1894 年制成了第一台较为完美的电影放映机。它可以投射到宽大的银幕上，从而解决多人观看的问题。

　　卢米埃尔兄弟很早就开始了电影机的研制工作，他们曾制成一架应用"杭勃罗欧偏心轮"的"连续摄影机"。后来结合爱迪生的电影机技术，兄弟二人又于 1895 年研制出活动电影机。这是一种兼为摄影机、放映机和洗印机的复合机器，在当时它是非常先进的。由于它性能上的优越，连俄国沙皇、英国女王、奥地利皇室以及其他许多国家的元首都要先睹为快。那时的火爆场面可想而知。为了满足各方面的需求，卢米埃尔兄弟培养了上百名摄影师（兼放映师）到世界各地推广这种机器。

　　卢米埃尔兄弟获得成功还得益于他们的公演活动。1895 年，欧美地区的电影放映非常盛行。卢米埃尔兄弟是 1895 年 12 月 28 日开始的，最初的地点选在巴黎嘉布遗路的"大咖啡馆"。当天放映的有《工厂的大门》、《火车进站》、《园丁浇水》和《墙》等短

雷诺

雷诺是一个天才的技术专家，出生在一个雕刻徽章的专家和教员组成的家庭。他于 1877 年在改进"走马盘"的基础上制成了圆鼓形的"活动视镜"。8 年后，他研制了'光学影戏机'。进入 90 年代后，雷诺开始在公众场合放映一些自制的动画片。这些片子做得都很短，一般都在 10 到 15 分钟左右，但制作技术已较为先进，如活动形象与布景的分离，画在透明纸上的连环图画，特技摄影，循环运动等。雷诺为电影事业的发展做出了相当的贡献。

电影摄像机
这是卢米埃尔兄弟发明的电影放映机的原型，今天看起来虽然很粗笨，但它确实是当时最为先进的电影放映设备。

剧，情节极其简单，却吸引了几千观众聚集在大咖啡馆漆黑的大厅里。

　　随着时间的推移，卢米埃尔兄弟放映的电影质量也有所提高。他们改编了一些当时的动画片，如《可怜的比埃罗》。它主要描写了比埃罗和科降宾娜的爱情，全剧只有短短的 12 分钟。卢米埃尔等人给它配上了歌曲，使它一下子声情并茂，激起了观众的热情。《更衣室旁》原来只是叙述了海水浴场的更衣室旁发生的一段很无聊的故事。而经过卢米埃尔及其助手的改编，风格完全不同了。首先他们在故事开始前加上了海边风景的画面，海鸥悠闲地掠过微微荡动的海面，给人很清爽的感觉。观众觉

得耳目一新。另外，情节中低级的动作被删除，代之以较为文雅的举止，让人产生美感。如此一改，显得情节更为巧妙，人物刻画也较为典型，给观众留下极深刻的印象，该剧在同一个剧院就放映了多次。之后，兄弟二人还改编了许多旧作，其中成功的有《炉边偶梦》、《桑陀教授》、《消防员》、《贺依特的乳白色旗子》等。

后来，卢米埃尔兄弟开始拍摄影片，初期以纪录现实生活为主。

早期的电影拍摄现场
早期的电影拍摄是将设计好的情节排演出来，再用摄像机将它完整拍摄下来，通过剪辑等手段将其制成一部完整的电影。

爱迪生在电影领域的贡献

在 19 世纪 70 年代，记录人类说话的声音似乎是件不可想象的事。1877 年秋季，爱迪生使之成为现实——他发明了留声机。这留声机的"唱片"是一个包着薄锡铂纸的圆筒，用一个喇叭收音，先把声波的振动转换成电流的变化，再把电流的变化转换成机械振动，使一个钢针在薄锡铂纸上划出沟来，然后再把这一过程倒转，用钢针重新在这些沟里划动，使它放出音来。你可千万别小看这架简陋的机器，它是世界上第一台有效的留声机。1888 年时，爱迪生又将留声机加以改革，使它达到更完美的程度。正是在此基础上，电影事业从无声电影发展到有声电影，以后又进一步发展到立体电影和彩色电影。

他们制作的影片情节曲折生动，而且真实、扣人心弦，并一举获得了成功，从而为法国的电影奠定了基础。当英国的电影生产还处于手工阶段时，法国的影片制作已步入工业化轨道。1903 年至 1909 年间，世界电影史上出现了所谓的"百代（法国）时期"。

卢米埃尔兄弟是世界电影的先驱和开拓者，同时也是纪录性现实主义的创始人。他们为世界电影做出了不可磨灭的贡献。

扫码获取更多资源

R 伦琴
oentgen rays
射线

伦琴

他发现了 X 射线，从而开创了影像学，使医生不必开刀便可看到身体内部的病变，从而引发了现代医学的新革命。

19 世纪末的经典物理学理论已比较成熟，建立起所谓的"有序世界"，但就在 1895 年，德国物理学家伦琴发现了 X 射线，照出了这座看似完美的大厦的裂隙。

威廉·唐拉德·伦琴，1845 年出生于德国的尼普镇，先后在荷兰机械工程学院和苏黎世物理学院学习。1869 年，获博士学位，次年来到德国维尔茨堡大学，投到物理学家奥盖斯德·康特教授门下，从此开始了他长达 50 年的研究生涯。

在初始阶段，他的研究涉足热电、压电、电解质的电磁现象、介电常数、物性学和晶体等领域。

随着时间的推移，许多物理学家把注意力投向了阴极射线。在做放电管阴极射线实验时，许多人都发现放在该管周围的照相底片有感光现象发生，其中包括当时著名物理学家克鲁克斯。但他们都疏于对这一现象进行深入研究，结果与科学发现失之交臂。而以谨慎观察著称的伦琴及时抓住有利时机，最终发现了 X 射线。

1895 年 11 月 8 日，实验室里伦琴像往常一样做着阴极射线的实验，因为有其他光线干扰，他便用黑纸片将放电管包严放入暗室。之后给放电管通电，结果又发现实验台一侧离放电管约 1 米远的氰化钡荧光屏发出微弱的光芒。目光敏锐的伦琴没有放过这一现象，而是多次重复实验，还把不同材质的物品，如书籍、木片、铝板等挡在放电管与荧光屏之间，发现不同的物品对该射线有不同的遮挡作用，同时也表明这种射线具备一定穿透力。但它究竟是一种什么射线呢？伦琴一时搞不清，便先叫它 X 射线，意为未知射线。之后 7 个星期的时间里，他全身心地投入到这

克鲁克斯观察到 X 射线

早在 1876 年，英国科学家克鲁克斯（William Crooks, 1832 ~ 1919）在用放电管进行实验时就发现，放在实验装置附近的没有打开的照相底片由于某种原因变得模糊不清了。克鲁克斯还以底片的质量问题，去生产厂家退了货。克鲁克斯可以说是一个研究阴极射线的专家，他最早使阴极射线管的真空度达到百万分之一大气压，制成"克鲁克斯管"，他首先发现阴极射线有动量，有热效应，认为阴极射线是带负电的粒子流，当时，他制作的阴极射线管被许多实验室普遍使用。

一研究中。

为了进一步分析 X 射线的性质，他把砝码放入木质的盒子里，将盒子封严整个拿到 X 射线下，结果感光底片呈现出砝码模糊的影像。接着，他又用该射线照射金属片、指南针等物品，无一例外地发现类似的现象。最后伦琴突发奇想，把妻子叫到实验室，居然拍下一张妻子右手的 X 射线照片。于是他对 X 射线的奇妙特性更加有兴趣，经过深入的分析，将其做了简单的归纳：

① X 射线沿直线运动。

② X 射线可以使亚铂氰酸钡和其他多种化学制品发出荧光。

③ X 射线区别于其他射线极为重要的一点就是，它可以穿透普通光线所不能穿透的物质，如该射线能够穿过肌肉却不能透过骨骼。

自 1895 年 12 月起，伦琴陆续将这一发现结果整理成文，分别证明了 X 射线的存在，分析了它使空气和其他气体产生电流的能力，叙述了该射线在空气中发生散射的特征。

伦琴在发现了 X 射线之后，对其进行深入研究。他的研究成果对于后来贝克雷尔和居里夫人的放射性研究起了巨大的推动作用，同时在医疗实践中得以应用，如诊断病情，放射性治疗癌症等；在工业领域，它主要用于检测物体的厚度，内部裂纹等；在生物学上，它为研究者提供了必要的原子、分子结构信息。总之，X 射线被广泛用于科研、生产等众多领域，造福了人类。

X 射线诞生前，人们称经典物理学的天空为乌云所笼罩、而它的出现，犹如一道耀眼的闪电划破天幕，使日后物理学的新发现如瓢泼大雨般洒向人间。

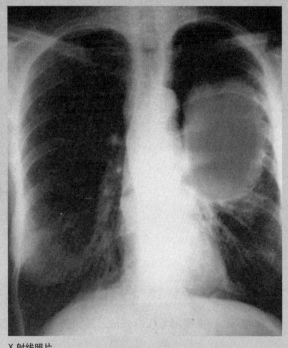

X 射线照片

利用 X 射线的特征，可以为人体拍照片，进而发现人体的病变，大大提高了医疗诊断的准确性。

无线电报
The invention of the aerogram
问世

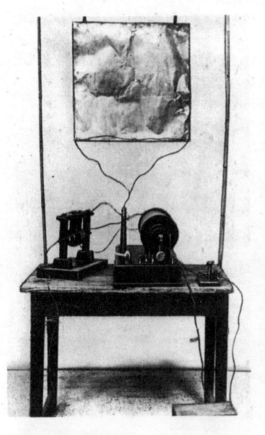

1895 年，马可尼的试验装置

这是马可尼最开始使用的无线电电报发射和接收装置。

纵观科学技术的进程，就如同一场接力赛，科学家们前赴后继，一步步地把科学推向前进。无线电报的问世就是这样一个过程。

1888 年，赫兹发现了电磁波，使无线通信成为可能。但探索运用电磁波通讯的人却寥寥无几。1894 年，赫兹去世了，马可尼刚好 20 岁。当时他正在意大利的波罗尼亚大学攻读物理学，他在悼念赫兹的讣告中了解到了电磁波的一些特征。当别人还在感叹赫兹一生的光辉时，他却萌发了用电磁波传递信息的想法，并马上行动起来，这充分体现了马可尼对科学的敏锐眼光。他还曾说："当我利用赫兹波开始做第一批实验时，我简直不能想象，一些著名的科学家竟忽略了应用这些理论。"

马可尼一头扎进了电磁波实验中，父母的整个住所都成了他的实验室。他在楼房顶层建起无线电发射装置，楼下客厅里安放检波器。当他在楼顶上发出无线电波信号时，客厅中检波器的铃声就响个不停，他的父母开始对此大惑不解，并埋怨马可尼把家里搞得一团糟。当他们弄清事情的真相后，对儿子的行动非常支持，父亲还资助他买相关的资料和设备，马可尼决心抓住并利用好这些有利条件。

初战告捷后，下一步马可尼开始考虑提高设备灵敏度的问题。他在实验中发现收发机的位置越高，接收信号的灵敏度也就越高。于是，他干脆把一只丢弃的油桶剪开，改造成一张铁板，作为发射天线挂在树梢上。这样收报机接收信号的灵敏度确实提高不少，但他觉得检波器也不够理想，他用的还是洛奇发明的金属粉末检波器。马可尼对其做了一些改进，在玻璃管中加入少许银粉与原来的镍粉均匀混合，同时把玻璃管密闭并抽尽里边的空气。如此一来，发报机的功率大增，无线收、发报的距离也达到将近 3 千米。

马可尼在欣喜之余，又想到进一步改进设备所需的大笔资金还没有着落。在父亲的提醒下，他找到意大利邮政部长，向他介绍自己的发明，并请求政府拨款予以资助，但部长却回绝了他的请求。马可尼无奈之下，悻悻地离开了意大利来到英国。在他的印象中，英国人很重视发明创造。

没想到在英国海关，马可尼带去的那套无线电收发装置竟被怀疑为间谍机器，马可尼为此费了半天口舌才获准进入英国。英国的官员确实好一些，他申请专利时，他们还把他介绍给邮电部的总工程师普利斯先生。

普利斯的出现，给马可尼带来莫大的希望，他的实验进展很快。1897 年，在南威尔士至索美塞得丘陵之间的试发实验中，收发间距已达到 10 ～ 20 千米。同一时期，马可尼还在海岸和舰

无线电报之父马可尼
他发明的无线电报使地球变成了一个"村"，使人们实现了近在咫尺的联系。

船之间试发电报，都获得成功。而此时，在俄国的波波夫却因为沙皇政府不提供经费，实验几乎停滞。波波夫先于马可尼研制出无线电报机，这时却落在了后面，可见马可尼当初离开意大利去英国确实为自己的事业开辟了一条光明大道。

莫尔斯的发报机

在盖尔教授悉心教导下，加之自己的刻苦学习，莫尔斯终于学会了组装电池和制造电磁铁的方法，并在 1835 年底用旧材料制成第一台电报机。

莫尔斯的发报机的结构是这样的：先把凹凸不平的字母版排列起来，拼成文章，后让字母版慢慢地触动开关，得以继续地发出信号；而收报机的结构则是，不连续的电流通过电磁铁，牵动摆尖左右摆的前端，它与铅笔连接，在移动的红带上划出波状的线条，经译码便还原成电文。莫尔斯的第一台电报机，只能在 2 ～ 3 米的距离内有效。这是由于收发两方距离增大，电阻相应增加而失灵。要想使电报应用到实际生活中，那就必须进一步改进。

莫尔斯买来了各种各样的实验仪器和工具，夜以继日地在实验室里埋头苦干。他经历了一次又一次的失败，终于在 1836 年找到一种新的设计方案，主体思路为："电流只要停止片刻，就会出现火花。有火花出现可以看成是一种符号；没有火花出现是另一种符号；没有火花的时间长度又是一种符号。这 3 种符号如果组合起来代表数字和字母，就可以通过导线来传递文字了。"至此，发明电报机的最后一道难关终于被他攻破。

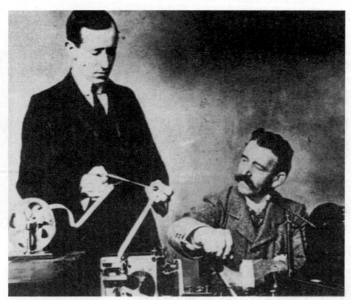

马可尼第一次使用无线电
跨大西洋发报成功

马可尼不断地改进无线电报
的装置和提高其灵敏度，终
于在 1901 年实现了跨大西
洋发报的成功。

在普利斯的支持下，马可尼的无线电报事业蓬勃发展起来。通信距离也越来越远，一度可以跨越英吉利海峡，甚至在 1901 年实现了大西洋两岸的无线通信。而且马可尼的无线电报逐步投入商业使用，前景无限广阔。

1909 年 11 月，马可尼因发明无线电报而荣获当年的诺贝尔物理学奖。尽管波波夫先发明原始的无线电报，却因后期发展滞后而无人问津。后来，在英、美、德等国科学家的共同努力下，无线电报技术发展得到了更为长足的发展。其稳定性和安全性也大大增强。现在，无线电通信技术已成为军事、民用、通讯等行业最主要的联系方式。相信在以后，它会有更为广阔的发展空间。

波波夫的贡献

波波夫，1859 年出生在俄国的一个牧师家庭，与马可尼生活在同一时代，但比马可尼更早制出电磁波接收机。

1888 年，波波夫就投身到电磁波的研究中，并于 6 年后研制出一台原始的无线电报机。而这时的马可尼刚进入电磁波研究领域。在改进无线电报机的实验中，他无意间发现了天线的作用，于是给自己的电报机装上了天线，从此他的机器灵敏度大为提高。波波夫在 1895 年 5 月 7 日在俄罗斯物理化学学会会场当众演示了自己的发明成果，得到了与会人员的一致认可。

随着实验的深入，所需资金越来越多，而保守的沙皇政府拒绝提供资金支持，致使实验的进度受到严重影响，以至于被后起的马可尼赶超。

波波夫最终也没有被世界承认首先发明无线电报机，但俄国物理化学协会却在 1908 年宣布波波夫享有发明无线电的优先权。

居里夫妇
The stories about the Curies
的故事

世界 5000 年科学故事 145

玛丽·居里和皮埃尔·居里夫妇二人双双投身科学研究事业，并同时获得诺贝尔奖。这在科学史上是极其罕见的。

玛丽·居里，1867 年生于波兰的首都华沙，她在中学时代就非常优秀，不仅掌握法、英、俄、德等四门外语，毕业时还获得金质奖章。1891 年，玛丽进入巴黎大学学习物理，1893 年获得物理学硕士学位，第二年又获得数学硕士学位。

皮埃尔·居里，1859 年出生在法国，幼时反应迟钝，在家中接受启蒙教育，1875 年获学士学位，两年后获硕士学位，随后在索邦学院物理实验室担任助教。

1894 年，玛丽在巴黎索邦学院与皮埃尔相遇，为科学献身的共同理想使二人走到一起，他们于 1895 年结婚，从此开始新的生活。同时夫妻二人互助协作，相濡以沫，也迎来了他们科学发现的春天。

居里夫人先是证实了贝克勒尔的发现。她用压电石英静电计测定，铀物质辐射的强度与化合物中

工作中的居里夫妇
此图表现了居里夫妇在实验室中聚精会神地做实验。

铀的含量成正比，至于其他化学组成成份则与此无关。而早在1896年，贝克勒尔就断言射线的发射来源于铀原子的性质，可见这一论断是正确的。之后，居里夫人又着手测试各种元素，企图找出与铀一样具有辐射效应的元素，终于在一种沥青铀矿中获得突破性进展：她测得该物质的放射性强度比预计的要大得多。她认为对此唯一合乎逻辑的解释就是，沥青铀矿石中含有一种放射性更强的元素。居里夫人开始想办法找寻并确认这种元素，她把矿石样品溶于水中，再用化学方法将其分解。后来丈夫皮埃尔·居里也加入进来。他帮助夫人用静电计对放射源——加以测定。终于在1898年7月，他们共

居里夫人的实验室

玛丽·居里（右）在她的实验室专心致志地做实验，正是在这里，她和她的丈夫一起发现了放射性元素钋和镭，这些发现将核物理研究大大向前推进了一步。

同发现并确认这种新元素的存在。

正在夫妇俩为给该元素定名而踌躇之际，居里夫人的祖国波兰被敌国占领而灭亡。这一消息对玛丽·居里震动极大，她为了纪念祖国将该元素命名为"钋"。从此，元素周期表的大家族又添新丁了。但居里夫妇并没有被喜悦冲昏头脑，经过几个月的艰苦劳动，他们在十几吨沥青铀矿石中分离出"镭"——又

一种新元素，所以居里夫人素有"镭的母亲"之称。居里夫人还测出其原子量225，镭的存在事实为世人接受。

在发现镭之后，居里夫人的知名度空前提高，人们甚至猜测她会因发现镭而赚多少财富，但居里夫人却淡然处之，她说："没有人应该因镭致富，镭是一种元素，它是属于全世界的。"居里夫人根本就没有申请专利，并且将镭的提取方法公布于众。这一惊人的举措，令当时无数人感动得流下热泪。

不仅如此，居里夫人还为开放射性元素应用于医学而奔波，在人类历史上首先开放射性疗法之先河，使千千万万的癌症患者得以重生。1903年，因为在天然放射性研究领域的巨大贡献，居里夫妇二人同时获得了诺贝尔物理学奖。

大学讲台上的居里夫人

作为索邦大学第一位女教授的居里夫人，于1906年11月5日登上讲台。

正当他们在科学的大道上携手阔步前进时，不幸发生了：1906年，皮埃尔·居里因马车车祸不幸逝世，享年只有47岁。这对于居里夫人的打击太大了。她几乎承受不住这突如其来的打击。但一想到当年两人为科学而奋斗终生的誓言，她又顽强地承担起生活和工作的重任，并于1911年从钋中分离出镭，再次获诺贝尔化学奖。

玛丽·居里是诺贝尔奖第一位女性得主，同时也是极少数两度获得该奖的科学家之一，她于1934年因白血病逝世于法国。尽管其一生获得无数荣誉，但她始终保持低调。她一门心思把科学推向前进的精神令后人深思。

压电效应的发现

皮埃尔·居里的第一项研究是在1880年与德斯爱因斯（P·Desaims）合作进行的，他们采用一种由温差电偶与铜丝光栅组成的新装置来测定红外线的波长。皮埃尔与他哥哥雅克·保罗很亲近，保罗比他大三岁。他们两人共同发现了一些晶体在某一特定方向上受压时，在它们的表面上会出现正或负电荷，这些电荷与压力的大小成正比，而当压力排除之后电荷也消失。1881年，他们发表了关于石英与电气石中压电效应的精确测量。1882年，他们证实了李普曼（G·Lippmann）关于逆效应的预言：电场引起压电晶体产生微小的收缩。利用压电现象，他们还设计了一种压电石英静电计——居里计。这种仪器能把分量极微的电量精确地测量出来，并且成为当代石英控制计时机与无线电发报机的先驱。1883年，雅克·保罗前往蒙彼利埃大学任教，这时皮埃尔生涯中的第一个合作阶段才告结束。

飞机的历史

早在莱特兄弟发明飞机前的几千年，人们就在研制能够在太空翱翔的工具。内燃机的发明为机械工具提供了持久、可靠的动力。到了1900年，莱特兄弟依据利林塔尔和夏尼特理论研制出了第一架有机械动力的滑翔机。1903年，他们的第一架真正的机械动力飞机试飞成功。从此，飞行机械进入了快速发展的轨道。下图是二战前在西方各国比较流行的几种飞机，但这些飞机都是战斗机，民用飞机的发展尚未起步。

二战前的飞机

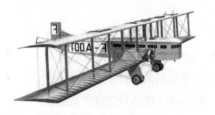

Farman F60 Goliath

这是英国产的单引擎后掠翼飞机，它是世界上第一架用于实战的飞机。但它的缺点是速度低，飞行的高度也比较低，容易受到攻击。

Vickers Vimy

本图展示的是世界上第一架单翼双引擎飞机，这种飞机具有良好的操作性能和一定的安全性能，飞行时的最大速度可达100千米/小时。

英国"骆驼"战斗机

本图展示的是世界上第一架单引擎前掠翼飞机，由于它采用前掠翼的设计，能够较好地增加飞机起飞时的升力，可以快速提高飞机的起飞和爬升速度。

B-17"空中堡垒"轰炸机

这是二战前美国制造的最为先进的战斗轰炸机，它被称为"空中堡垒"，在飞行时它可以携带5吨炸药，同时，它具有飞程高、长途奔袭等特点。

图中①是莱特兄弟发明的"小鹰 I 号"飞机，它是世界上第一架完全在机械动力的驱动下飞行的飞机，它是一架不封闭的飞机。②是桑斯特·杜门飞机，它是世界上第一架采用后掠翼飞机，同时也是第一架相对封闭的飞机。③是"奈良 II 号"飞机，这架飞机创造了世界上第一次飞行记录，它和莱特兄弟发明的"小鹰 I 号"一样也是不封闭的。

P-51 "野马"战斗机

这是 20 世纪 30 年代美国制造的战斗机，它是世界上第一架采用喷射涡轮引擎的飞机，它具有飞行速度快，操作机动灵活等特点。

Supermarine Spitfire

这是二战前日本制造的后掠翼双引擎喷射涡轮发动机飞机，它具有行速度快，操作机动灵活等特点。

"零"式战斗机

这是二战前日本制造的、在二战中被广泛使用的"零"式战斗机，它采用向后变掠翼双引擎喷射涡轮发动机，是当时世界上最先进的飞机之一。

波音 237 式客机

20 世纪 20 年代出现的第一代客机，它是在战斗机的基础上改装过来的。它只适用于短途和小批量的客运服务，因此，它很快就被其他型号的客机取代。

二战后的飞机

第二次世界大战后，商用航空工业蓬勃发展起来，航空技术的发展也日新月异。飞机活跃在民用事业中。当然，美苏两个大国也没有忘记将更为先进的技术用在军用飞机上。之后，飞机朝着大型化、多用途、远航程方面发展。可变式后掠翼、后掠翼喷射推进等先进的技术被广泛运用在飞机上。像美国的波音、麦道、F-117、B-52、B-2等和苏联的图-114、安-225、"米格"系列、"苏"系列等都是民用和军用飞机中的佼佼者。

单桨直升机

直升机是飞机家族中一个极为重要的类型，由于它具有机动灵活、不需要专门的跑道以及节省使用空间等优点，直升机在救灾、通讯等工作中发挥了积极的作用。

E-2鹰眼预警飞机

E-2鹰眼预警飞机是世界上最先进的预警飞机，它是在波音客机的基础上改造的，它可以同时跟踪300公里范围内的300多个目标。

F-18大黄蜂战斗机

这是美国生产的F-18大黄蜂战斗机，是第三代战斗机。可变式后掠翼、后掠翼喷射推进等先进技术都在它的身上得到了全面的体现。它具有灵活机动、战斗力强等特点。

CL-601商用机

为适应空中快速、短程运输的要求，各国都在大力发展小型、便捷的运输飞机。这种CL-601商用机就是由美国生产的，它具有造价低、方便实用的特点。

C-5A 银河军用运输机

这是 20 世纪 70 年代美国推出的当时最大的军民两用运输飞机，它有一个足球场那么大，能够携带超过 100 吨的物资，一次性飞行 6400 千米。

波音 747 客机

波音 747 客机是目前世界上正在使用的最大的客运飞机，它全长 71 米，翼展60 米，每小时能飞行 1025 千米，可以携带 290 名乘客和 33 名机组人员。

波音 757 客机

这是飞机转入民用后最为成功的典范。它由美国波音公司生产，它的载客量大（满载超过 250 人），航程远（不加油可飞 5000 千米以上）。它在世界民用航空市场上占有的份额超过了一半。

协和式飞机

协和式飞机是由英国和法国联合研制的世界上第一架超音速客机，它于 1969年投入使用。直到现在，它仍然是世界上巡航速度最快的民用飞机。它的最大巡航速度超过了 2250 千米／小时。但由于有噪音大、载客量小（100 人）等缺点，2004 年协和式飞机退出客运市场。

波音大型货运飞机

随着对空运货物要求的进一步严格，飞机的功能也越来越多，图为美国的波音大型货运飞机背着"奋进"号航天飞机在转场。

的功率。莱特兄弟把这台发动机草草安装在自己的飞机上，并且赶制了两叶长为 2.59 米的推进式螺旋桨，在发动机与螺旋桨之间以链条相连。人类的第一架飞机初步完成。

　　1903 年 12 月 17 日，莱特兄弟的首架飞机"飞行者 I 号"试飞。这天早上，他们先把飞机拖到了海滩，进行了全面的检查。然后由弟弟奥维尔登上飞机，启动了发动机。在一片马达的轰鸣声中，飞机向前冲去，飞机的滑行速度越来越快。终于在众人的欢呼中飞离了地面，升到空中约 3 米的高度，12 秒钟以后，"飞行者 I 号"安全着陆，飞行距离超过 30 米。时间太短了，距离太短了，但它标志着一个崭新时代的到来。稍后，兄弟又轮番驾驶"飞行者 I 号"试飞了几次。其中滞空时间最长为 59 秒，飞行距离为 260 米。1904 年，莱特兄弟又制出了改进的"飞行者 II 号"。它的滞空时间延长到 5 分钟，连续飞行 5 千米。其后，他们在"飞行者 II 号"的基础上推出"飞行者 III 号"。它可以在空中连续飞行半小时，飞出 40 千米的距离。

　　莱特兄弟发明的飞机，连创佳绩，逐步引起了美国军方的兴趣。军方组织了巨大的人力物力在他们的基础上研制军用飞机。其他国家也纷纷仿效，飞机的发展步入快车道。一战前飞机时速已达 76 千米，飞行距离已增加到 186 千米，飞机已具备实用价值。

　　莱特兄弟一生效力于飞行事业，甚至都未曾结婚，为人类运输工具发展做出了巨大贡献。

莱特兄弟 1903 年的"飞行者 I 号"模型
莱特兄弟制造的第一架飞机看起来更像一架滑翔机，它的结构比较简单。但它所采用的机械原理却与现代的飞机是一样的。

P 巴甫洛夫
avlov's experiments
的实验

　　巴甫洛夫是俄国卓越的生理学家。他不仅有巨大的科学成就，更以崇高的品质、伟大的人格著称于世。巴甫洛夫 1849 年 9 月 26 日出生在俄国中部的梁赞镇。巴甫洛夫的父亲虽然没有多少钱给他，但给了他从小认真读书、热爱劳动、勤于动手的好习惯。巴甫洛夫成功后每念及此，都非常感动。他念中学时是在梁赞教会中学，而他的兴趣在科学而不在当牧师。父亲也成全了儿子，送他到圣彼得堡大学的数理系生物科学部学习，也可以说是父亲一手把巴甫洛夫送上了科学之路。

　　大学期间，巴甫洛夫曾作为西昂教授的助手，从教授那里他学到了许多知识和技术，后于 1884 年赴德国留学，在路德维希和海登海因的教导下继续深造。两年后，巴甫洛夫回到祖国，来到名医波特金教授处做助理。师徒二人在一间浴室改建的小实验室里一同工作多年。

　　在巴甫洛夫科学生涯的开始阶段，他主攻血液

俄国生理学家巴甫洛夫(左)和同事在实验室中留影，中间是他用来做实验的一条狗。

循环生理学，就在波特金教授那间不起眼小实验室中，完成了心脏神经实验。从而证明了心脏功能受 4 条神经支配，测定了它们的功能：4 条神经分别传送阻止、加速、抑制、兴奋指令，同时他还研究了人的主观情绪和化学药物对心律、血压的影响，使人们对于神经和心脏之间的关系的认识大大加强。

　　随后，巴甫洛夫把注意力转到消化系统生理学实验上，其中最为著名

暂时性联系接通

关于条件反射的神经机制，巴甫洛夫曾提出"暂时性联系接通"的概念。他认为条件反射建立的中枢机制是暂时性联系的接通。接通的可能部位在：①条件刺激和非条件刺激的皮层代表区之间。②皮层和皮层下结构之间。他强调了第一种可能性。在60年代中国生理学工作者利用 γ-氨基丁酸对大脑皮层暂时性的和可逆的抑制作用，在狗身上证明了大脑皮层在条件反射活动中的重要作用。60年代初开始用微电极技术来研究神经元的条件性活动，发现条件反射建成后，有一些神经元对阳性条件刺激表现为放电频率减少，在中枢神经系统的各个部位，这两类神经元数的比例各不相同，因此难以设想条件反射的建立是在中枢神经系统的两个部位间形成一个简单的联系。条件反射的建立、巩固和实现了需要中枢神经系统很多部位的协同作用。

的是他设计的"假饲"实验。该实验的设计大致是：将一条饥饿的狗放在实验台上，在它前面的盘子中放些狗爱吃的食物。但在狗吃食之前，将其食管在脖子下方开一个口，同时给它一个胃瘘，以便获取胃液。这时允许狗进食，但当狗吞咽时食物却从食管的切口掉出落到食盘中，狗的胃依然是空的，它还吃，食物仍到食盘中。过了一会儿，奇迹发生了：尽管狗没有把食物咽到胃里，但它分泌的胃液却从胃瘘不停流了下来。显然，胃液是因为大脑下达了命令而不是因为食物刺激而分泌的。原来胃的消化过程是由大脑来控制的。

巴甫洛夫在科学领域的主要贡献还集中在高级神经生理学领域，最为出名的是其创立的"条件反射"学说。一般认为他的条件反射学说是通过如下实验过程证明的，即先摇铃，然后给狗喂食，重复多次以后便只摇铃而不再给其喂食，发现狗口中依然分泌大量唾液，从而证明狗的神经系统已形成条件反射。1924年的一场大雨把巴甫洛夫的实验室灌满了水。狗由于在笼里只能眼巴巴看着大水漫过来，却不能逃生，为此它们极为惊惧。等到巴甫洛夫赶来将其救出，这些狗都出现病态反应，已形成的条件反射消失殆尽。巴甫洛夫重新培养建立起它们的条件反射。再一次做条件反射实验。这时实验室的门缝突然渗进许多水，尽管水不多，更不足以漫过实验台，但台上的狗狂吠不止，极力挣扎，条件反射再次消失。巴甫洛夫通过这一实验，向人们证实：过度的刺激会导致神经症等病理反应。他由此推论，人类的精神病是由客观环境中的强烈刺激造成的。这是人类历史上首次用唯物主义的方法来解释精神病理。

巴甫洛夫一生大部分时间在实验室度过，他的故事也就多发生在那里：一次，他与助手在实验室中由于出现操作失误而吵了起来。他一时气极，对其助手大喊："明天你不用再到这里了。"事后助手很懊悔，正要拿过纸笔写信向巴甫洛夫承认错误，却突然发现巴甫洛夫给他的便条："偶尔的争吵，不应妨碍正事，请你明天继续来帮忙。"生理学家的心胸之宽广可见一斑。

巴甫洛夫为科学奉献一生，同时也是一位伟大的爱国者。他不止一次表白："无论做什么，我都将在可能的范围内，尽力为祖国服务。"

冥思苦想的
Contemplative Einstein
爱因斯坦

2000 年，爱因斯坦入围"千年风云人物"名单，而且名列前茅。曾经被视为孤僻、迟钝、表达不清的傻孩子又如何成为千年风云人物的呢？故事还得从 19 世纪 70 年代末说起。

1879 年 3 月 14 日，阿尔伯特·爱因斯坦在德国南部乌尔姆城的一个犹太居民家中呱呱坠地。这是一个温馨、和睦的家庭，父亲精通数学，以经营电器为业，母亲温雅贤淑，倾心于艺术。小爱因斯坦的出世为全家带来喜悦和幸福，但很快又给这个幸福之家笼罩了一层忧郁。因为他与同龄的孩子比较起来，智力发育好像有些迟缓。

别家的孩子 1 岁多时就会说话了，缠着母亲问这问那，而小爱因斯坦只会偎依在母亲怀里呆呆地望着周围的一切，一点学说话的迹象都没有。邻居见此情形，不无担心对他母亲说："这孩子怎么不说话呀？"母亲宝莲内心一阵酸楚，却又自我安慰到："他在思考，将来我们的小爱因斯坦一定会成为教授。"一旁的邻居也不好多说什么，倒生出一丝恻隐之情。

爱因斯坦的父母确实是非常优秀的父母，深知旁人对他抱有偏见，自己不能再伤害他。他们发现儿子虽然不苟言笑，却对万事万物表现出强烈的兴趣，于是就买回许多新奇、结构复杂的玩具给他玩，但小爱因斯坦更多的是"研究"这些玩具。

时光匆匆流过，爱因斯坦进入了小学，除了数学之外，其他功课平平甚至不及格，这种状况一直持续到中学。中学时他的

年轻时的爱因斯坦
年轻时爱因斯坦并没有什么出众的地方，他提出的一系列理论没有多少人能理解，但这并不妨碍他的科学研究。

兴趣科目多了一门——物理，他不喜欢体育，更讨厌军训。由于严重偏科，爱因斯坦中学毕业都没拿到文凭。以至于为了上大学，他又补习一年才进入联邦工业大学师范系，攻读数学和物理。最后，他为自己选定了终生努力的方向：理论物理。四年之后，爱因斯坦大学毕业，尽管专业成绩异常突出，却因为性格的原因找不到一份工作。待业期间，爱因斯坦曾做家教，有时帮人清理账目。最困难的时候，他甚至以拉小提琴卖艺为生，此中疾苦，可想而知。

1902年，经朋友的大力推介，爱因斯坦在瑞士专利局找到一份技术员的工作，其职责是审核一份份专利申请。这使他大开眼界，同时他夜以继日地钻研物理学，终于在1905年有所成就。

那年，爱因斯坦在德国《物理学年鉴》上发表《论运动物体的电动力学》，从而创立了狭义相对论，开始解释牛顿经典力学所不能解释的现象。

狭义相对论的两条基本原理分别是：

①相对性原理：物理学定律在所有惯性系中

进行学术讨论

1933年爱因斯坦提出能量聚集的新理论，并邀请科学界的精英与记者一起参加他的学术论坛。

的描述形式是相同的，即所有的惯性系是等价的，不存在特殊的惯性系。

②光速不变原理：在所有惯性系中，真空中的光速具有相同的定值。

根据这一理论，时间会随着运动速度的变化而发生迟滞和提前。假如宇宙飞船以光速在太空中飞行一年，那么地球上就已经过了50年。同时爱因斯坦还提出，长度、重量都会随着运动速度的变化而变化，并得出质量和能量之间转换的准确表达式：

$E=mc^2$（m 为物体质量，c 为光速，E 为能量）。这一方程式向世人昭示：原子核内部蕴含着巨大能量。质能方程式成为核物理和高能物理的基础。

　　尽管当时极少有人理解爱因斯坦的理论，但他坚信自己理论的正确性，并且将其进一步发展成为广义相对论。1916 年，他发表了《广义相对论的基础》一文。这一旷世之作标志着他的研究水平已达 20 世纪理论物理的顶峰。爱因斯坦曾就相对论解释说："狭义相对论适用于引力之外的物理现象，广义相对论则提供了引力定律以及它与自然界其他力之间的关系。"

　　几乎是同时，爱因斯坦又做出了涉及光学和天文学的三大预言，这些预言不久一一应验。鉴于他的相对论和预言，人们赋予他极高的荣誉，如"20 世纪的牛顿"、"人类历史上有头等光辉的巨星"等。但爱因斯坦淡泊名利，尽量回避吹捧他的公众集会。

　　1955 年 4 月 18 日，伟大的爱因斯坦在美国的普林斯顿悄然而逝，并留下一份颇为特殊的遗嘱：不发布告，不举行葬礼，不建坟墓，不立纪念碑。作为 20 世纪最伟大的科学家如此谦逊，闻之者无不肃然起敬。

计算机绘制的关于"光会弯曲"理论的图

用计算机绘制的"$E=mc^2$"的质能方程式

广义相对论

　　1915 年，阿尔伯特·爱因斯坦（1879～1955）发表了他的广义相对论。他解释了引力作用和加速度作用没有差别的原因。他还解释了引力是如何和时空弯曲联系起来的，利用数学，爱因斯坦指出物体使周围空间、时间弯曲，在物体具有很大的相对质量（例如一颗恒星）时，这种弯曲可使从它旁边经过的任何其他事物，即使是光线，改变路径。该理论的两个重点在于：①弯曲光线。广义相对论指出，时空曲率将产生引力。当光线经过一些大质量的天体时，它的路线是弯曲的，这源于它沿着大质量物体所形成的时空曲线。因为黑洞是极大的质量的浓缩，它周围的时空非常弯曲，即使是光线也无法逃逸。②虫洞。理论上，虫洞是一个黑洞，它的质量非常大，把时空弯曲进了它自身之中，它的口开向宇宙的另一个空间及时间，或者也许完全进入另一个宇宙空间。也许能够利用虫洞建立一个时间旅行机器，但许多科学家们指出这个机器不可能重返到它自身被创建的时间之前。

人造地球卫星

The blastoff of man-made satellites

升空

嫦娥奔月，敦煌壁画中的"飞天"，天外来客，无不寄托了人类飞向太空的美好愿望。这一梦想从 20 世纪 50 年代起逐步变为现实。1957 年 10 月 4 日，苏联成功地发射了世界上第一颗人造地球卫星，太空时代由此开始。

人造地球卫星升空需要两个重要条件：第一，成熟、稳定、可靠的火箭技术；第二，人造卫星自身功能的完备。作为人造卫星升空的推动器——火箭，其实火箭早在第二次世界大战中就已出现，这可以说是先进科学技术军转民用的典型。纳粹德国 1936 年就秘密建起了火箭试验基地，并于 1942 年 10 月 3 日成功发射了 V-2 型火箭。它长达 14 达 80 千米，航速为 7.5 米。这种火箭在二战中伦三岛。

1958 年，美国第一颗卫星升天
这颗卫星是由大推力火箭"德尔塔"发射升空的。

第一颗人造卫星
1957 年 10 月，苏联的第一颗卫星"旅行者 1 号"。

由酒精和液态氧作为推进剂的米，重为 13 吨，飞行高度可千米／秒，有效射程为 300 千投入使用，纳粹曾用它袭击英

先进的火箭技术并没能挽救德意志第三帝国灭亡，倒是在战后肥了美国和苏联。在盟军完成了对德国的占领后，美军俘获了包括核心火箭专家冯·布劳恩在内的 100 多位专家，苏联则将德国火箭基地的设备和剩余专家一股脑儿运往苏联。这使得两国战后航天事业蓬勃发展起来。

二战刚刚结束，美苏两国出于各自政治和军事利益的考虑，争相以掠夺的德国火

箭技术和专家为基础，极力发展射程更远、动载能力更强、性能更为优良的火箭。二者进展都很迅速，但最终还是苏联走在前面，这与苏联政府的高度重视是分不开的。

1947 年，斯大林在听取了有关专家的建议后，就在苏联党政军高级干部参加的联席会议上多次强调要让苏联的军事航空科技走在世界的前列。之后，苏联政府加大了空间技术研究的投入，使得其空气动力学、波动力学水平很快提高，其他学科，如地球物理学、计算机科学也取得相当成就，并于 50 年代中期先后成立国家科学院天文研究所空间科技组和国家宇宙探测委员会，直接负责远程火箭和人造卫星事宜。

经过长期筹备，1951 年苏联宣布用于发射卫星的火箭和卫星系统的研制工作已完成。这一年的 10 月 4 日，苏联在拜科努尔航天发射场成功发射了世界第一颗人造地球卫星"旅行者 I 号"。这颗卫星自重 184 磅，直径为 22.8 英寸，外部有 4 根折叠式天线，由一枚 USSR–1 型三级火箭送入预定空间轨道。每 96.2 分钟绕地球一周，其功能主要有测量温度和压力，发射无线电信号等。人类第一颗人造地球卫星仅在太空游弋 92 天，便坠入大气层烧毁，却开

未来航天站构想图
未来的航天站是宇航员、科学家从事科研活动和生活的主要场所，它具有安全、舒适等特点。

辟了一个新的时代。

苏联人造地球卫星升空，极大地刺激了美国。1958年1月，美国的"探险者Ⅰ号"也被送上太空。之后，它又将两颗人造卫星分别于该年的3月17日和第二年的2月17日送入轨道。其他国家，如法、日、中、英也纷纷发射自己研究的卫星。

中国的第一颗人造地球卫星"东方红Ⅰ号"在1970年4月24日发射升空。此后，中国的航天事业一发而不可收，陆续发射了用于科学考察、气象观测、通讯广播等的许多卫星，并逐步掌握了卫星回收技术。进入80年代以后，我国接连向太空发射了4颗静止轨道通信卫星，成为世界上少数几个航天工业先进国家之一。1999年11月20日，我国自行研究的第一艘无人宇宙飞船"神舟号"试飞成功，2001年1月10日，我国自行研究设计的"神舟一号"成功发射；2002年3月25日，"神舟三号"发射成功，"神舟五号"载人飞船于2003年10月15日在酒泉卫星发射中心发射升空。中国首位宇航员杨利伟搭乘该飞船在绕地104周，飞行21小时后安全返回地面，中华儿女终于圆了自己的飞天梦。中国成为世界上第三个掌握载人宇宙飞船技术的国家。

什么是人造卫星

人造卫星是环绕地球在空间轨道上运行（至少一圈）的无人航天器，是发射数量最多、用途最广、发展最快的航天器。人造卫星发射数量约占航天器发射总数的90%以上。完整的卫星工程系统通常由人造卫星、运载器、航天器发射场、航天控制和数据采集网以及用户台（站、网）组成。人造卫星和用户台（站、网）组成卫星应用系统，如卫星通信系统、卫星导航系统和卫星空间探测系统等。

人造卫星主要由两种仪器设备系统组成，即专用系统和保障系统两类。专用系统是指卫星执行任务的系统，大致可分为探测仪器、遥感仪器和转发器三类。科学卫星使用各种探测仪器（如红外天文望远镜、宇宙线探测器和磁强计等）探测空间环境和观测天体，通信卫星经过通信转发器和通信天线传递各种无线电信号；对地观测卫星使用各种遥感器（如可见光照相机、侧视雷达、多光谱相机等）获取地球的各种信息。保障系统有结构系统、热控制系统、电源系统、无线电测控系统、姿态控制系统和轨道控制系统。

世界各主要国家争先恐后地把自己的人造卫星送入太空。那么，这些卫星的作用在哪里呢？首先是用于观测气象，卫星"登"高望远，可以随时观察到地球的每一个角落；第二，便是用于通信领域，比如卫星电话、电视转播。第三，也是后来发展起来的，即用于军事侦察，随着技术的进步，卫星的用途也越来越广泛，现在卫星水平几乎应用于国民经济各个领域。

总之，人造地球卫星的诞生，是人类向外空间迈出的第一步，有着划时代的意义。如果人们合理利用它，必将为人类带来深远的福利。

T激光
The naissance of laser
诞生记

激光，是 20 世纪 60 年代人类引以为豪的重大发明之一。

激光也是一种光波。人们对光波、光线并不陌生，对光的研究也有一定的历史。我国古代春秋战国时期《墨子》一书中就记载了"小孔成像"的实验，以后历代不乏对光的认识和研究。到了近代，在自然科学领域我们才逐渐落后于西方。在光学研究领域，西方开始了系统地实验科学研究。牛顿就在这一时期提出了光波流动的微粒说，时隔不久，惠更斯发表了他的波动说。进入 20 世纪后，爱因斯坦等人科学论证了光的波粒二象性。

20 世纪许多重大物理学的突破都离不开一个人，他就是阿尔伯特·爱因斯坦。激光的发明同样如此。1917 年，爱因斯坦在研究黑体辐射的过程中提出受激发射的理论。他认为受激发射和自动发射是自然界客观存在的两种基本发光方式。在此，爱因斯坦的主要功绩是诠释了受激发射的概念和机理: 微观粒子(包括原子、分子、离子等)处于不同的分立能级。处于高能级的粒子在一定频率的辐射量子作用下会跃迁到低能级，同时释放出与射入量子相当的辐射量子。射出的量子与射入的量子拥有相同的位相、偏振、频率和传播方向。爱因斯坦同时指出，粒子的受激发射总是与受激吸收同时发生。这就是说，粒子不仅可以从高能级跃迁到低能级，也可以从低能级跃迁到高能级，这时发生的便是受激吸收。根据该原理，就可以做出如下设计思路: 一个粒子受激发射出一枚光子，经过谐振腔的加强作用，形成光振荡，从而实现光的放大，继而发射出激光。这便构成激光发明的理论基础。

激光束物理结构示意图
某些物质原子中的粒子在光或电的激发下，从低能级原子升级为高能级原子，当升级后的数目大于原来的数目，并由高能级跃迁回低能级时，就放射出相同的相位、频率、方向的光，这种光叫激光，它的亮度极高。

几十年以后，美国的珀塞尔等人才在实验中实现了粒子反转，观测到约为 50 千赫的受激辐射信号，印证了爱因斯坦的受激发射理论。其后量子力学的建立，更使得研究激光的科学家如虎添翼。

在珀塞尔实验设计的基础上，科学家们制成了微波激射器，用以实验受激发射的微波放大，继而演变为更加完善的激光器，激光的研究已进入实质阶段。1954 年，美国科学家汤斯及其学生戈登提出要实现分子或原子的受激辐射和微波放大，并制成一台用氨分子作为工作物质的微波激射器。这台机器的设计输出功率为 9 ～ 10 瓦，波长为 12.5 毫米。3 年之后，他又对其进行了改制，制造出世界上第一台较为完备的微波激射器。同一时期的苏联科学家也不甘寂寞。巴索夫和普罗霍络夫很快也造出了微波激射器。

激光

激光是一种方向性极强而且不易散射的特殊人造光。

微波激射器研制成功了，但它不等于激光器，因为前者发射的是微波，而后者发射的可见光波长要比它长得多。如何实现从微波激射器到激光器的跨越呢？问题的关键在于，谐振腔的尺寸与光波的波长处于同一数量级。这样才能保证腔内激光反馈时产生单一模式振荡。这一时期，许多国家的众多实验室投入这一研究。最终在 1960 年，美国加利福尼亚研究所的梅曼率先研制出世界上第一台红宝石激光器。

红宝石激光器出现后，氦氖激光器、PN 结载流子注入式激光器等相继被研制出来，激光器研究领域呈现全面开花的态势。

激光器的产生和发展历程与其他几项发明相比，就是它从发明到投入使用的周期大为缩短，仅为几个月。而电话、飞机、晶体管等多则数十年，少则也须几年。

激光诞生后，由于其能量集中、单色性、方向性、相关性等优点，很快在测距、制导、全息照相、视盘、武器等军事和经济领域迅速推广，进一步加快了人类科学的脚步。

G加加林的
agarin's first universal travel
首次宇宙之旅

　　人类在实现人造地球卫星升空的愿望之后，立即着手载人航天飞行的研究和实验，并且在 20 世纪 60 年代初获得成功。苏联的尤里·加加林作为全人类的使者首飞太空，被永远地载入史册。

　　从 1957 年 10 月 4 日第一颗人造地球卫星升空开始，用于各种用途，形形色色的卫星被送入太空，为人们提供大量经济、军事等方面的有效信息。如果把宇航员送入太空，让他亲自在外空间进行实验和观测，那该多好哇。

　　为了实现这一目的，载人航天被提上日程。而要想实现载人航天，必须有过硬的航天器回收技术。1960 年 8 月 11 日，美国第一次成功回收了从一颗卫星弹射出的回收舱。这一技术为制造载人宇宙飞船奠定了基础。同时，载人宇宙飞船自重达几吨，需要大推力火箭系统，并且必须具备极高

科罗廖夫

　　科罗廖夫是苏联运载火箭和宇宙飞船的总设计师，航天计划的主要制定者之一，也是"东方 1 号"的主要策划者和组织者。他于 1907 年 1 月 12 日生于乌克兰，幼年以半工半读的形式读完中学和高专。22 岁时，科罗廖夫毕业于莫斯科高等技术学校空气动力学系，投身于航空航天事业，1933 年成为喷气推力研究所的主要成员。1938 年，他在肃反运动中受到迫害，一度被关押在西伯利亚的古拉格监狱。两年后，他被转入图波利夫领导的监狱工厂 KB-29。1944 年，科罗廖夫获释，旋即被派往东德研究 V-2 导弹，随后着手研究本国的弹道导弹，并于 1947 年 10 月试射成功。接下来的几年，他一直致力于开发运载火箭、卫星、行星探测器和宇宙飞船，为苏联航天事业做出了巨大贡献。1966 年 1 月 14 日，科罗廖夫在一起医疗事故中不幸逝世。

的稳定性和安全系数。还有就是搭乘飞船的宇航员要经过特殊训练，具备丰富的相关知识和技能，以及强壮的身体。

"先驱者号" 行星探测器

1973年12月4日，"先驱者10号"飞临木星，对其进行考察。这个木星探测器携带有11件仪器，用以测量木星周围的辐射带和分析木星的稠密大气层。它于21个月后飞越了木星，然后飞向太阳系的边缘，最后脱离了太阳系。在这个探测器上系有一块镀金的铝板，其上画有象征性的信息（地球相对于14个脉冲星的位置以及人类男女的形象），以便向旅途中可能遇到的具有智力的生命形式传达人类存在的信息。1973年4月6日，发射"先驱者11号"，并于1979年9月接近土星，第一次完成了对土星的考察。1973年11月3日，发射"水手10号"，并于1974年3月29日第一次访问了水星。1977年8月20日，发射了"旅行者2号"，1979年3月7日发射的"旅行者"还带上了115种照片、35种自然界的声音、近60种语言的问候、27种著名的乐曲等资料，向太阳系以外可能存在的高级智慧生物送去人类存在的信息。1986年1月30日到达天王星，1989年又访问了海王星。旅行者飞船作为地球上第一次派出的使者，不断地在茫茫的宇宙中寻求着知音。

综合以上几方面，20世纪60年代初苏联的宇航事业要略优于美国。1961年4月苏联完成了载人航天飞行的各项工作，在该月的21日上午9时7分将载有宇航员加加林的宇宙飞船"东方1号"发射升空。

整座飞船船体采用了高密度耐烧蚀材料，以防止发射过程中和飞行时与空气摩擦所产生的大量热量损坏飞船。该飞船的形状也较为特殊：它是一个圆锥和圆台的结合体。这个造型有点像科幻片中外星人乘坐的飞行物。飞船的舱内装有许多高压氮气和氧气瓶，以便为航天员提供与地球大气层类似的气体环境。气瓶下方是仪器舱，再下边则是反推发动机和推进剂储箱。舱中的宇航员便是尤里·加加林，他于1934年3月9日出生在莫斯科近郊的格扎茨克镇。青年时期的加加林当过冶金工人，业余时间学习飞机驾

首次进入太空
苏联宇航员加加林是世界上第一个乘坐宇宙飞船进入太空的人，他乘坐的飞船环绕地球一周后返回到地面。

驶。1955 年他加入空军，1960 年被选为首位航天员。

　　尤里·加加林所搭乘的"东方 1 号"9 时 7 分正式升空。两分钟以后运载火箭助推级和第一级脱落，经过一分钟火箭头部整流罩被抛掉。9 时 12 分，第二级火箭分离，同时第三级火箭点火，经过大约 9 分钟的加速飞行，三级火箭连同飞船同步进入距地 180 ～ 230 千米的轨道。9 时 49 分"东方 1 号"飞船进入地球阴影区，20 分钟后脱离阴影区。此间，加加林有幸在太空鸟瞰地球的身影："我第一次亲眼见到了地球表面形状。地平线呈现出一片异常美丽的景色，淡蓝色的晕圈环抱着地球，与黑色的天空交融在一起。天空中群星灿烂，轮廓分明。但是，当我离开地球的黑夜时，地平线变成一条鲜橙色的窄带；这条窄带接着变成蓝色，继而又变成深黑色……"

　　正当加加林陶醉于太空美景时，他的飞船缓缓降低轨道准备进入大气层。10 时 35 分下降舱分离后进入大气层，此时航天飞行进入回收阶段。在设计回收方案过程中，总设计师科罗廖夫考虑到航天员的安全，提议采用海上回收的方式。可时任苏共第一书记的赫鲁晓

夫为了加强保密，坚持要陆地回收。尽管陆地回收技术还不成熟，专家们还是想出了一个变通的方法。那就是只回收航天员而放弃返回舱。具体过程是：在返回舱降至离地 7000 米的高度时，航天员和座椅被一道弹出舱外，再用降落伞回收。10 时 55 分，尤里·加加林安全降落在萨拉托夫地区恩格尔城西南 26 千米处。

　　加加林的首次飞天之旅共持续 108 分钟，绕地一周，实现了人类飞向太空的夙愿，轰动了全世界，同时也使美苏太空争霸进一步升温。

加加林返回地球后受到苏联领导人赫鲁晓夫的接见
苏联的第一个太空人加加林成了苏联的民族英雄，在当时是人们崇拜的偶像。

扫码获取更多资源

美、苏太空人大扫描

自从 1957 年苏联的第一颗人造卫星升上天后，美苏两国就争相发展太空事业。在美国的"阿波罗"宇宙飞船登月前，美苏两国已有数十人实现了"飞天"梦。这些人要经过严格的选拔和训练才能成为宇航员。一般来说，宇航员主要以科学家为主体，其次才是飞行员和其他方面的精英。这些人都是在工程、物理和生物学上具有相当经验的专业人才，并且他们还必须有不得少于 1500 小时的飞行经验。因此，这些人被称为科学太空人，他们进行的一系列太空飞行为日后登月等实践活动积累了许多可参照的经验。第一位进入太空的苏联宇航员是尤里·加加林，第一位进入太空的美国宇航员是艾伦·谢泼德。当然，在太空人的选拔上不一定局限在男性，特别是在苏联，他们率先启用女性宇航员。

科林斯（Michael Collins）
美国空军中校，生于罗马。1952 年西点军校毕业后加入美国空军、在加州爱德华空军基地担任试飞员，测试实验飞机的控制性能。1963 年被选为太空人。曾参与"双子座 10 号"绕行地球，"阿波罗 11 号"登陆月球。

库柏（Leroy G Cooper）
美国空军上校，1945～1946 年服役于海军陆战队，后进入夏威夷大学学习。1956 年进入试飞学院。测试实验飞机的控制性能。1959 年被选为太空人。曾参与"信心 7 号"和"双子座 5 号"的绕地飞行。

坎宁安（W Cunningham）
美国科学家，海军预备役军官，加州洛杉矶分校物理学硕士。1951 年加入海军接受飞行训练。他曾在兰德公司任研究员。1963 年成为太空人。曾参与"阿波罗 7 号"的绕地飞行。

康斯坦丁·费奥科季斯托夫（Konstantin Feoktistov）
苏联工程师，莫斯科包曼高等工技学院工程硕士，曾参与人造卫星的首次发射工作。1963 年被选为太空人。曾参与"上升 1 号"绕地飞行。

加加林（Yuri A Gagarin）
苏联空军上校，1951 年后在萨拉多夫学习技术和航空学。1957 年被选为试飞员。1958 年被选为太空人，参与了"东方 1 号"的绕地飞行。加加林是世界上第一位太空人。后来，在莫斯科附近坠机身亡。

格伦（John H Glenn）
美国海军陆战队上校，生于俄亥俄州的剑桥。曾在马斯金格姆学院接受飞行训练。1959 年被选为太空人。1974 年当选为俄亥俄州民主党参议员。曾参与"友谊 7 号"的绕地飞行。

艾西尔（Donn F Eisele）

美国空军上校，1952 年美国海军学院毕业，获太空学硕士，在新墨西哥州任实验飞行员，1963 年被选为太空人，曾参与"阿波罗 7 号"的绕地飞行。

科马罗夫（V M Komarov）

苏联空军上校，曾就读于莫斯科空军学院。1959 年茹科夫斯基空军工程军事学院毕业。曾参与"上升 1 号"和"联盟 1 号"的的绕地飞行。

斯塔福德（T P Stafford）

美国空军上校，1952 年美国海军学院毕业后转入空军成为试飞员。1962 年被选为太空人，曾参与"双子座 6 号"和"双子座 9 号"的绕地飞行。

艾德林（Edwin Aldrin Jr）

美国科学家、空军上校，1951 年毕业于西点军校，他是麻省理工学院博士。1963 年被选为太空人，曾参与"双子座 12 号"的绕地飞行和"阿波罗 11 号"登陆月球。

捷列什科娃（Nikolayeva）

苏联空军上校。在学校求学 7 年后加入苏联空军，成为跳伞专家，并接受太空人训练。曾参与"东方 6 号"的绕地飞行。

阿姆斯特朗（N Armstrong）

美国空军飞行员。1955 年取得航空工程学位。1962 年因试飞 X-15 火箭飞机而获得夏尼特奖。同年被选为太空人。曾参与"双子座 8 号"的绕地飞行和"阿波罗 11 号"登陆月球。

怀特（Edward H White）

美国空军中校，1952 年毕业于西点军校后转入空军。他是第一位漫步太空的美国人。因"阿波罗号"太空船失火与两名太空人一起丧生。曾参与"双子座 4 号"的绕地飞行。

柏瑞戈乌（G Beregovoy）

苏联空军少将。二战后任空军试飞员，1956 年从莫斯科苏维埃空军学院毕业。1964 年被选为太空人。曾参与"联盟 3 号"的绕地飞行。

扬格（John Watts Young）

美国海军上校，1959 年成为试飞员。1962 年被选为太空人。曾参与"双子座 3 号"和"双子座 10 号"的绕地飞行以及"阿波罗 16 号"登陆月球、"哥伦比亚号"太空梭第一和第六次飞行。

彼科夫斯基（V Bykovsky）

苏联空军中校。1952 年入伍。飞行学院毕业后成为喷气式战斗机飞行员及跳伞专家，并任空军教练之职。曾参与"东方 5 号"的绕地飞行。

美国历次登月

　　登上月球一直是人类的美好愿望。在这方面美国人走在了世界的前列。1961年，美国总统肯尼迪宣布美国要在10年内实现登月。随后，美国政府启动了"阿波罗"计划，整个工程从1962年5月到1972年12月，历时11年，耗资255亿美元，参加工程的美国企业有2万家、大学200多所和80个科研机构，参加这一工程的总人数超过了30万。先后将6批12名宇航员送上了月球。

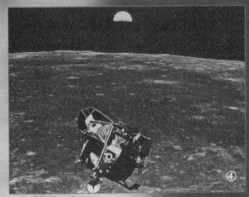

④

4

指挥舱与登月舱的汇合。在完成登月任务的过程中，登月舱载着宇航员登上月球，而指挥舱则留在空中，完成考察任务后，宇航员再乘坐登月舱离开月球，并在空中与指挥舱汇合，指挥舱就带着宇航员返回地球。

⑤

5

"阿波罗17号"宇宙飞船在月球表面共活动22小时5分。他们采集了55公斤多的月岩标本。这是地质学家斯密特在塔尔斯山的利特罗地区装置实验仪器。这些仪器可以对月球上的岩石、光照、温度和太阳辐射等进行测量，同时还可以对地球的某些情况进行有效的监测，并把监测结果发回地球。

①

②

1972年7月16日~7月24日，美国宇航员塞尔南、伊文思和地质学家斯密特乘坐"阿波罗17号"宇宙飞船经过110小时的飞行，安全降落在月球表面的利特罗山脉，这是人类最后一次登月。塞尔南和伊文思在月球表面共活动22小时5分。他们采集了55多公斤的月岩标本。整个登月过程飞行了301小时52分，飞行236.8万公里。

1 1969年7月16日，美国宇航员尼尔·阿姆斯特朗和巴兹·奥尔德林和朗斯科林乘坐"阿波罗"11号宇宙飞船经过102小时的飞行，于7月20日安全降落在月球表面静海西南角，这是人类第一次登上除地球外的另一个星球。阿姆斯特朗第一个走下登月舱，踏上了月球。正如他所说，这是他个人的一小步，却是整个人类的一大步。阿姆斯特朗在月球表面活动2小时14分，奥尔德林在月球表面活动1小时33分，他们采集了30多公斤的月岩标本。整个登月过程飞行了195小时19分，飞行153.2万公里。

③

6 "阿波罗"11号宇宙飞船上的宇航员尼尔·阿姆斯特朗和巴兹·奥尔德林在月球表面安置测量月球震动的月仪。通过这些装置可以测量月球对地球的影响，进而加深对月球的研究，为人类定居月球打下基础。

⑥

3 进行太空作业是经常进行的太空科研活动之一。图为一名太空人正在利用太空船内一名同事所操作的遥控手臂向货舱运动。自己单干或与同事合作在现代太空航行中十分普遍，例如：在修复哈勃太空望远镜时就是在几名宇航员的合作下完成的。

A 夸克模型
dvancing Quark model
的提出

轻子（单色）				夸克（蓝色）			
粒子名称	符号	静止质量 (Mev/C²)	电荷量	粒子名称	符号	静止质量 (Mev/C²)	电荷量
电子微中子	ν_e	~0	0	u夸克	u	310	$\frac{2}{3}$
电子	e 或 e⁻	0.511	−1	d夸克	d	310	$-\frac{1}{3}$
μ微中子	ν_μ	~0	0	c夸克	c	1,500	$\frac{2}{3}$
μ子	μ 或 μ⁻	106.0	−1	s夸克	s	505	$-\frac{1}{3}$
τ微中子	ν_τ	小于 250	0	t夸克	t	假定的：超过 18,000 ~ 5,000	$\frac{2}{3}$
τ子	τ 或 τ⁻	1,782	−1	b夸克	b		$-\frac{1}{3}$

粒子的基本组成

到目前为止，粒子被认为是组成物质的最小单位。对粒子的认识有利于提高对物质的认识，对高能物理的发展有重大意义。

科学的征程漫长而坎坷，而真正的科学家从来不畏艰险，勇往直前，把科学事业进一步推向前进。

20 世纪，物理学已在微观粒子领域开辟了广阔天地。1928 年，狄拉克根据自己的电子运动方程预言了正电子的存在。每个电子带 1 个负电子，这是人尽皆知的事实常理，怎么会有正电子呢？正当人们匪夷所思之际，美国物理学家安德逊还真的在宇宙射线的云室照片中发现了正电子。继而又有人预言了反质子、反中子。1933 年，泡利和费米提出中微子假说，后在 50 年代得到证实。随着大型高能加速器的出现，Λ 超子、Σ 超子等质量比质子和中子大的超子，以及共振粒子相继被发现

由于对粒子认识的进一步深入，科学家开始把目光转向了基本粒子的内部结构。1956 年，日本的理论物理学家坂田昌一提出所谓强相互作用粒子（即为重子、介子）复合模型。根据这一模型，这些粒子均由"基础粒子"——质子、中子和超子组成，同时他还认为 η° 介子是存在的。坂田模型为粒子物理开辟了一个新的领域，但也遇到了前所未有的困难，如计量重子的质量。

盖尔曼

M. 盖尔曼，1929 年出生于美国纽约的一个奥地利移民家庭。其父兄都很博学，他从小喜欢自然和语言学。15 岁时，盖尔曼考入耶鲁大学，四年后获得物理学学士学位，随之进入麻省理工学院研究生院，师从著名物理学家韦斯柯夫。1951 年 1 月他获博士学位，两年后成为助理教授，提出"奇异量子数概念"，名震粒子物理学界。1964 年，他提出著名的"夸克"模型，并由此获得 1969 年的诺贝尔物理学奖。此外，他还被授予其他许多奖项，如劳伦斯物理学奖、海涅曼奖等。但盖尔曼本人不为所动，目前仍在加州理工学院默默地从事着粒子物理研究。

　　1964 年，美国的盖尔曼在坂田模型的基础上更进一步提出：所有强子（强相互作用粒子的简称）都是由更基本的粒子组成。盖尔曼称该粒子为夸克。这一称谓据说来源于乔埃斯的小说《芬尼根彻夜祭》中的词句"为马克检阅者王，三声夸克"。小说中"夸克"只是模仿一种海鸟的叫声。盖尔曼用它为粒子命名。

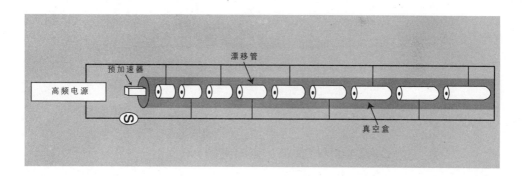

　　盖尔曼提出夸克模型后，还对其进行了分类，上夸克（u）、下夸克（d）和奇异夸克（s）。他主张允许电荷为非整数值，以便构建更为简洁、完美的理论模型。具体一点就是上夸克带 2/3 个电荷，而下夸克和奇夸克所带电荷数分别为 −1/3、−1/3。质子由两个上夸克加一个下夸克组成，中子的构成则为一个上夸克和两个下夸克。他的说法后来为科学实验所证实。至于坂田模型的难题，他得出介子由一正一反两夸克组成，重子由 3 个夸克组成的结论，夸克的重

维德罗线型加速器
这个加速器由两组漂移管组成，在半个振荡周期中粒子在两间隙中运行，粒子每次越过一个间隙，其速度和能量就提高一次。

子数为 1/3。如此一来，坂田的问题迎刃而解。

按照物质无限可分的思想，粒子的分割似乎永远也没有尽头。1965 年，中国的著名物理学家朱洪元等人提出强子的层子模型，即认为强子由更为基本的粒子——层子构成。但他对层子的种类界定不是很清楚，认为既可能是 3 种也可能是 9 种。

过去的几十年，科学家一直为此事耗费心神。1974 年 11 月，

纳米技术

　　所谓纳米技术，是指在 0.1 ~ 100 纳米的尺度里，研究电子、原子和分子内的运动规律和特性的一项崭新技术。科学家们在研究物质构成的过程中，发现在纳米尺度下隔离出来的几个、几十个可数原子或分子，显著地表现出许多新的特性，而利用这些特性制造具有特定功能设备的技术，就称为纳米技术。纳米技术是一门交叉性很强的综合学科，研究的内容涉及现代科技的广阔领域。1993 年，国际纳米科技指导委员会将纳米技术划分为纳米电子学、纳米物理学、纳米化学、纳米生物学、纳米加工学和纳米计量学等 6 个分支学科。其中，纳米物理学和纳米化学是纳米技术的理论基础，而纳米电子学是纳米技术最重要的内容。

华人物理学家丁肇中和美国物理学家里克特的联合研究小组宣布了他们的新成果——发现 J／ψ 介子，这种新粒子是在 3.1×1010 电子伏特处观察到的。随后，新粒子 ψ 又被他们捕捉到。1977 年，新介子 γ 被莱德曼发现，他测定该粒子质量为 J／ψ 的 3 倍，并将其命名为底夸克（b）。找到了底夸克，找寻顶夸克又被提上日程。

种种夸克，就属顶夸克难找。全世界顶尖级的实验室，如费米实验室，顶尖级的科学家，包括来自两欧、美国、日本、意大利等国的最优秀科学家以及华人科学家，各种超大型高能加速器等全部派上用场。就是这样，顶夸克一直到了 1994 年 4 月 26 日才与世人见面。尽管如此，费米实验室的科学家出于谨慎考虑，认为仍需进一步证实。

说到这里，有人可能会问："耗费如此之多的人力、物力、财力研究夸克，到底有什么好处呢？"历史事实已经充分证明：人类对物质结构的认识深入一步，就一定会有巨大的效益回报人类。

D 发现
iscovering pulsar
脉冲星

1967 年底，剑桥大学的天文学家接收到了来自宇宙空间的微弱电波。当时这则消息被炒得沸沸扬扬，都说是外星球的智慧生命向地球发射的无线电波。但最终被证实是遥远的天体发出的射电波。

为了弄清这些电波的来龙去脉，剑桥大学的 A·休伊什教授专门打造了一台新型望远镜。它占地 12000 平方米，由 2048 个镜面组成。这台庞大的机器从 1967 年 7 月开始工作，密切注视天区的各个角落，以随时捕获从任何方位发来的射电波，观测结果由休伊什的研究生 J·贝尔负责记录。

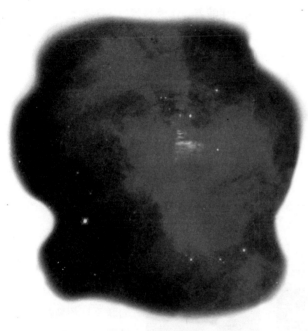

脉冲星、蟹状星云示意图

一个多月的时间过去了，贝尔从未间断过，在记录、描绘这种射电波曲线时，贝尔有时会发现某些异常现象。其特征既不像一个稳定的射电源发出，又不像人为无线电干扰。她初步分析后认为这来自于宇宙空间。又过了一段时间，她发现，这些电波由一系列脉冲组成，而相邻脉冲的时间间隔竟然都是 1.337 秒。

贝尔兴冲冲地把这个结果告知导师休伊什，他也大为惊讶。师徒经过一番考虑，弄不清这到底是怎样一回事，只是感性地认为这是外星人发来的信号。他们的一个小小猜测，被外界媒体得知后，马上被炒得热火朝天。外星人这个词汇在当时绝对是人们街谈巷议、各大报纸上出现频率最高的，这使得休伊什为自己的

关于中子星

中子星全部由致密的中子结合形成，体积很小，一般为恒星。许多中子星直径只有几十公里，却具有普通恒星的质量，所以其密度极大。如若太阳变成一颗中子星，其直径不会超过30公里。中子星密度之大可见一斑。形象一点说，一汤匙的中子星物质，质量就相当于一座大山。假使一小块该物质从空中坠落到地表，地球会被轻而易举地穿透，中间留下一个小洞洞。到时我们人类就可以用一根钢柱穿过地球。地球便有了一个名副其实的地轴了。不过从地球诞生之日起到现在，以至将来，这种情况出现的概率几乎为零。其实，真有这么一颗中子星给地球义务打眼，也未必是件好事。

鲁莽有几分后悔。他一面组织专门研究小组，一面让贝尔继续观察、记录，并让她把结果打印在纸带上，以便于分析比较。没几天，贝尔又发现类似的信号从不同的天区传来，脉冲间隔为1.2秒。这时他们想到，怎么会在茫茫宇宙中有两批外星人同时向微不足道的地球发射信号呢？这种信号一定是某些天体自身产生的。根据当时发现的信息，休伊什分析认为：发出这种电波的天体应该是一种脉动着的恒星，它不断变形，时而膨胀时而收缩，每变幻一次就伴随着一次能量爆发。于是他形象地称之为脉冲星。

根据这些射电波，天文学家们很快就测定了脉冲星的确切位置，然后又通过光学望远镜加以搜索。出人意料的是，在被认为是脉冲星的位置却明白无误地存在着一颗完全正常的恒星，根本就没什么脉动、膨胀和收缩。

其实这些所谓的脉冲星对人类来说也许并不陌生。比如关于金牛座旁边的所谓脉冲星，我国古代天文学家于1054年在此区域发现了"客星"，现在称之为超新星。超新星爆发后产生蟹状星云余迹。1968年，天文学家探测到了蟹状星云方向的脉冲星信号。千年前的"客星"与脉冲星是怎样一种关系，这片星云中是否就有一颗脉冲星？

尽管一些问题目前还没有搞清楚，但天文学家还是确认脉冲星与超新星爆发的联系：超新星爆发后，其残余部分就会发出脉冲信号。此后不久，人们又探测到了从船帆星座传来的脉冲星信

可见脉冲

少数几颗脉冲星在发出射电脉冲的同时也发出闪光。蟹状星云每秒闪30次。另一颗脉冲星——船帆座超新星遗骸每秒闪11次。

号，并测出其周期为0.09秒。如此短暂的周期又引发了科学家们新的思考。进一步研究发现，在极短的周期中，脉冲信号结构仍很复杂，万分之几秒内就可能发生较大变化。根据脉冲强度的细微变化，科学家们可以推断出该天体的大小。结果测得脉冲星的直径不超过几百千米，甚至几百米。如此小的体积却能产生极

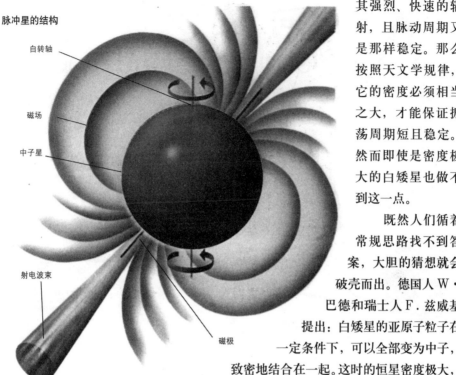

脉冲星的结构

自转轴

磁场

中子星

射电波束

磁极

其强烈、快速的辐射，且脉动周期又是那样稳定。那么按照天文学规律，它的密度必须相当之大，才能保证振荡周期短且稳定。然而即使是密度极大的白矮星也做不到这一点。

既然人们循着常规思路找不到答案，大胆的猜想就会破壳而出。德国人 W·巴德和瑞士人 F. 兹威基提出：白矮星的亚原子粒子在一定条件下，可以全部变为中子，致密地结合在一起。这时的恒星密度极大，可以达到每立方厘米数十亿吨。美国的汤米·哥达德在此基础上提出，脉冲星是自转的中子星。他的这个解释不但解决了关于脉冲星体积小、质量大的问题，而且诠释了它高速自转的疑惑，被认为是较为合理的说法。

哥达德的这一理论澄清了脉冲星的构成问题，成为 20 世纪天体物理学的最伟大成就之一。

脉冲星示意图

这是脉冲星从出现到消失的一个全过程。

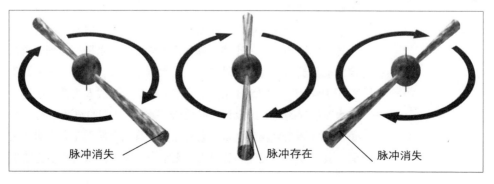

脉冲消失 脉冲存在 脉冲消失

A 阿波罗
pollo launched the moon
登月

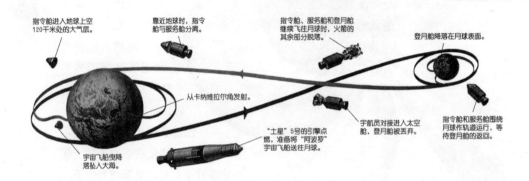

指令舱进入地球上空120千米处的大气层。

靠近地球时，指令舱与服务舱分离。

指令舱、服务舱和登月舱继续飞往月球时，火箭的其余部分脱落。

登月舱降落在月球表面。

从卡纳维拉尔角发射。

宇宙飞船曳降落坠入大海。

"土星"5号的引擎点燃，准备将"阿波罗"宇宙飞船送往月球。

宇航员对接进入太空舱，登月舱被丢弃。

指令舱和服务舱围绕月球作轨道运行，等待登月舱的返回。

登月示意图
这是"阿波罗"宇宙飞船登月到返回的全过程示意图。科学家在20世纪50年代就掌握了这个理论，但把它变为现实则是1969年7月的事。

20世纪60年代，美苏两国在天空领域的争霸赛愈演愈烈，苏联1961年完成了首次载人航天飞行，美国便提出一定要第一个登上月球。

著名的"阿波罗"登月计划就在这样的背景下诞生了。1961年5月，美国总统肯尼迪正式签发总统令批准这一计划，并于6月2日向外界公布：美国要在10年内，把一个美国人送上月球，并使他重返地面。

"阿波罗"登月计划其实是一组计划，它包括"水星"计划，"双子座"计划和"土星"计划。前两个计划只是为登月作准备，做一些试探性工作，第三个计划才是真正的登月，但若是没有前两个计划的铺垫，第三计划也就失去了意义。"水星"计划要求把宇宙航天员送入太空，以测试人在太空中生存、活动的能力，美国于1963年5月15日成功发射"水星1号"载人飞船，取得人在太空生存的基本经验和数据，标志"水星"计划的圆满完成。"双子座"计划相对较为复杂，它首先要进行两个航天器太空对接实验，其次要及时发现和解决人在太空中长时间滞留可能引起的生理、心理问题。经过近两年的筹备，美国在 1965 年成功发射"双子座 3 号"、"双子座 6 号"和"双子座 7 号"宇宙飞船。其中"双子座 6 号"和"双子座 7 号"在太空完成对接，从而奠定登月的技术基础。"双子座"系列飞船在太空滞留两周，宇航员没有出现异常反应。由此"双子座"计划成功结束。最终就只剩下担当完成登月这一神圣任务的"土星"计划。

完成"土星"计划的任务由 1965 年 4 月发射的"土星 5 号"火箭担任，它是在冯·布朗主持下设计完成的。这绝对是一个庞然大物，它的长度达到 85 米，立起来相当于 30 层楼高，其推动力分为三级，仅第一级就达 3500 吨。"土星 5 号"承载的阿波罗飞船分为指令舱、服务舱、登月舱三个主要构件。

历经 9 年数百万人艰苦卓绝的努力，耗资 250 亿美元，美国终于在 1969 年 7 月 21 日将"阿波罗 11"号宇宙飞船发射升空，开始了人类历史上第一次登月之旅。这次飞行涉及地球、月球间的轨道切换，因而比一般人造卫星的绕地飞行复杂得多。

"土星 5 号"发射后，第一级火箭以强大助推力很快使箭体升到 62 千米的高度。此时，它的燃料也耗尽，与箭体脱离，旋即二级火箭点火。几分钟后，二级火箭在距地 174 千米高度耗尽

在月球上，登月舱就是宇航员的家。图为登月舱的上部返回地球时发射升空

"阿波罗15号"宇航员吉姆·埃尔

月球车是一个类似吉普车的电动车

何为"阿波罗"

1967 年 7 月，美国首次完成登月之旅的计划称为"阿波罗"计划，那么阿波罗为何物？

原来阿波罗是古希腊神话中诸神之一，他神通广大。美国人制定"阿波罗"计划也带有几分自夸的意味。他掌管许多事情，但主要角色还是太阳神，也称为光明之神。神话中的阿波罗还英勇善战，杀死巨蟒和巨人提提俄斯，曾获得赫耳墨斯发明的七弦琴，所以又被奉为战神和音乐之神。他曾为行路人、航海者提供庇护，广受人们爱戴。阿波罗在人们心目中的形象是手执七弦琴、方箭、神盾，极为英俊、勇武。罗马帝国的皇帝奥古斯都宣称自己为阿波罗的儿子，还下令建造了供奉阿波罗的庙宇。

现代流传下来的，还有古希腊雕刻家以阿波罗作为男性美象征创造的艺术品。其中许多都是极具珍藏价值的极品。

月球基地

在未来的 50 年内，月球上或许就会出现永久性的基地，配有研究恒星的望远镜，还能提炼月球上丰富的矿产资源。这些基地同时也是探测者们进入太阳系更深处的中转站。

并自动脱落。然后由第三级火箭把飞船送上近地轨道，完成从近地轨道向月球轨道的切换。尽管这时三级火箭的燃料业已耗尽但还不能立即脱落，而是指令——服务舱先与火箭分离，继而翻转与登月舱完成对接。这一对接确认成功后，宇航员才能抛掉第三级火箭。

这时飞船已进入月球区，但要在月球轨道上运行，还要完成一次机动减速，否则就会越过月球进入外空间失去控制，再也无法返回地球。但事实上这次机动减速很成功。飞船平稳进入月球轨道。然后登月舱与指令——服务舱分离，单独滑入下降轨道，最后在月球表面降落，

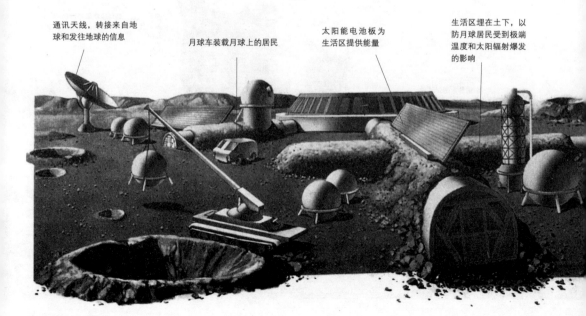

通讯天线，转接来自地球和发往地球的信息

月球车装载月球上的居民

太阳能电池板为生活区提供能量

生活区埋在土下，以防月球居民受到极端温度和太阳辐射爆发的影响

时间是 1969 年 7 月 21 日 4 时 17 分 40 秒。航天员阿姆斯特朗走出登月舱，踏上月表，激动万分，他说："这一步，对我个人而言只是一小步，而对于整个人类而言却是一个飞跃。"

宇航员依次踏上月球表面，他们把一枚具有特殊纪念意义的金属牌和以前几位殉难航天员的像章放在月球地面上，接着安放好几种科学实验仪器，采集了 60 磅月球的石块和土壤标本，然后向地球传回了月球的照片。

在完成既定任务后，航天员驾驶登月舱离开月球，与空中的指令——服务舱会合对接，返回地球。

至此，"阿波罗"登月计划大功告成。之后，从 1970 年到 1972 年，美国又先后发射了"阿波罗 12 号"到"阿波罗 15 号"4 艘登月宇宙飞船，除"阿波罗 13 号"登月失败外，其余的几次都获得了成功。"阿波罗"系列登月飞船先后将 12 名宇航员送上了月球。他们在月球做了许多非常有意义的科学实验，最终实现了人类"奔月"的梦想。

"长征"系列火箭
1970 年中国用"长征"火箭成功发射了第一颗人造卫星，到现在为止，"长征"系列火箭已经发射 60 多次，成功率保持在 95% 以上，它是世界上最为安全可靠的火箭之一。

空间站

空间站是环绕地球运行的半永久性的空间实验室，用来进行长时间的科学和应用研究，世界上第一个空间站是"礼炮 1 号"，它是 1971 年 4 月 19 日苏联发射的小型实验性空间站。4 月 23 日，由东方号火箭把载有三名宇航员的"联盟 10 号"飞船送上天空，24 日飞船和空间站对接成功，五小时半后飞船与空间站分离，然后飞船载着宇航员安全返回地面。6 月 7 日，空间站又与"联盟 11 号"飞船对接，飞船中的两名宇宙员顺利地进入到空间站工作，经过 24 天后宇航员又回到飞船并与空间站分离，但在返回地球的途中，三名宇航员因飞船爆裂而牺牲。1977 年 9 月 29 日，苏联又成功发射了"礼炮 6 号"，这是最早的正式空间站。

E 探索生命
Exploring the mysteries of life
的奥秘

从古至今，最玄妙的莫过于两个领域：一个是宇宙，另一个就是生命。20 世纪人类对宇宙的研究已取得丰硕成果，而对于生命的研究才刚刚起步。探索生命的奥秘，基因是重要的突破口。

DNA 双螺旋结构模型

基因，是英文"gene"一词的音译，即为遗传因子，实际就是在染色体上呈线性排列的 DNA 分子片段。它一方面通过复制把遗传信息传给子代，另一方面使遗传信息在子代个体发育成长过程中得以表达，从而使后代表现出与亲代相似的性状。基因完成这一功能主要靠 DNA 片段的性质。1953 年，沃森和克里克发现 DNA 的双螺旋结构，确定了其化学本质。60 年代本茨又提出，基因的内部具有一定的结构，即突变子、互换子、顺反子三种不同的单位。DNA 分子上的一个碱基变化就可导致基因突变，可以视为突变子，若两个碱基之间发生互换，就是一个互换子；而具有特定功能的某段核苷酸序列作为单独的功能单位则为顺反子。

基于基因的这些特征，科学家们萌发了破译遗传密码的想法，事情还得从 1953 年说起。这年夏天沃森和克里克在美国冷泉港学术讨论会上发表了他们关于 DNA 结构及其遗传含意的研究成果。一石击起千层浪。与会者围绕这一问题展开热烈的讨论，后来会议的中心议题就转到怎样对四种不同的碱基进行排列组合才能形成 20 种不同的氨基酸。令人意想不到的是，第一个提出遗传密码设想的竟是物理学家伽莫夫。1956 年，他还专门为此发表文章论证碱基的个数和密码组合。但真正取得实质性进展的还是莫诺和雅各布。他们发现一个有趣的现象，即信使 RNA 把从 DNA 接收到的遗传信息带到细胞内合成蛋白质的部位，使蛋白质合成有章可循。那么信使 RNA 与蛋白质又是怎样联系的呢？研究证明，二者之间唯一的纽带就遗传密码。

　　1961 年，德国科学家马大和美籍德国人尼伦贝格确认了苯丙氨酸的密码就是 RNA 上的尿嘧啶。接着他们又发现，向大肠杆菌的无细胞提取液中加进由单一尿嘧啶组成的核酸时，就会产生由单一苯丙氨酸构成的多肽长链。这样第一个密码破译宣告成功：苯丙氨酸的密码子是尿嘧啶。稍后，脯氨酸和赖氨酸等的密码子相继被破译。根据同样的思想，尼伦贝格又设计了更为精确、严密的实验，他与克里克一道破译了更多遗传密码，编成生物学史上具有里程碑意义的遗传密码表。

　　既然人们已经可以成功破译遗传密码，那么基因重组也就不再是什么遥不可及的事了。20 世纪 50、60 年代，DNA 重组技术（又称为基因工程）几乎与破译遗传密码同时兴起。所谓的 DNA 重组就是把不同来源的生物基因进行必要的切割拼接、重组，之后转入生物体内进行复制、表达，以培育出符合人们需要的生物个体。

　　1968 年，瑞士科学家阿尔伯分离出限制性内切酶，两年后美国微生物学家史密斯分离出专一性更强的限制性内切酶，专门用来识别 DNA 序列。1971 年至 1972 年间，美国生物化学家伯格就用一种内切酶切开 SV40 病毒的环状 DNA，再与被切开的外源 DNA 片段黏合在一起，最终人为地制造出一种杂交分子。

基因疗法

随着对基因研究的深入，人类科学家发现许多病变源自于基因结构和功能的改变。于是诞生了所谓基因疗法，即运用基因工程的技术方法，将健康的基因转入患者的细胞取代病变基因，以表达原来缺乏的性状，或关闭、降低病变基因已表达的异常性状，最终达到治疗的目的。第一例基因治疗出现在美国。1990 年，两名小女孩由于腺苷脱氨酶缺乏而患联合免疫缺陷症，科学家运用基因疗法为其治愈了该病。1991 年，中国首例 B 型血友病的基因治疗也获得成功。

桑福德基因枪
这种由桑福德发明的基因枪能将遗传因子直接高速射入细胞中，从而改变其结构。

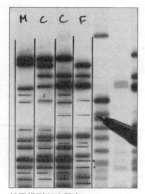

基因排列顺序图表
基因技术对于遗传、医学、生物
等科学领域均有重要的价值。

重组 DNA 技术从此产生。该技术诞生后发展很快，到 1977
年，美国科学家就运用这项技术合成了人的生长素释放抑
制因子。第二年，又有科学家用同样的方法研制出胰岛素。

从基因重组技术诞生之日起，基因工程技术一直在如
火如荼地向前发展。进入 80 年代后，人类基因组计划也被
提上日程。

从 DNA 到遗传密码的破译，再到基因工程，人类对
于生命奥秘的探索一步步深入。相信不远的将来，其神秘
面纱会被彻底揭开。

DNA 遗传物种信息
用酶从某一生物体上切下 DNA 断片，
然后嫁接到另一生物体的 DNA 中，这
样就实现了不同物种之间遗传信息与
特性的转接。

人类 DNA 排序
科研人员在研究人类基因重组的排列顺序。

海洋探索
The rising of oceanography
——海洋学的兴起

　　我国居住的星球大部分被水面覆盖，是名副其实的水球。而人类将自己定格为陆地动物，对海洋知之甚少，利用的就更少。但这一情况到了 20 世纪中后期才逐渐有所改观。

　　人类在陆地上繁街生息了近 300 万年，人口数量已逾 60 亿。狭小的陆地已被这么多人压得喘不上气来，于是人口爆炸、粮食不足、资源枯竭、能源危机等一系列问题接踵而至。面对这些问题，许多国家把战略目光投向了广阔的海洋，开始了海洋探索的历程，随之海洋学也方兴未艾。

　　提到探索海洋，人们很快就会想到海洋石油、天然气的开发和利用。不错，海底蕴藏着极为丰富的石油和天然气资源。但

英国在北海的钻井平台——石油勘探设备

人们开发和利用海洋的根本目的是利用海洋资源为人类造福。海洋石油勘探就是其中的一种。

由于海上油气勘探与开采要比陆地上复杂得多，很长时期内人们只能望洋兴叹。不过，随着科技进步人们逐渐发明了栈桥式井场和海上固定平台，1933 年，美国在墨西哥湾建成第一座木质固定平台。战后的 1947 年，美国又建成第一座钢质固定平台，该平台安装水深 6 米。为了更好预防水腐蚀，降低成本，人们又发明了钢筋混凝土重力平台，大多数国家已注意到了海上油气开发的重要作用，目前在这一领域走在前列的国家主要有美国、英国、沙特阿拉伯和委内瑞拉等国。

海洋能源不仅包括石油、天然气，还有潮汐、波浪、海流、海水温差等洁净能源。

据有关资料显示：海洋中仅潮汐能一项就达到 $1.0 \times 10^9 \sim 3.0 \times 10^9$ 千瓦。法国在这方面走在前面，它于 1966 年建成专门利用潮汐发电的朗斯电站。这座电站目前仍为世界上最大的潮汐电站。另外，以前被人们忽视的波浪也蕴含着丰富的能量，预计 1000 平方米／秒的波浪即可产生 2.0×10^5 千瓦的能量，世界的海洋如此辽阔，其波浪所蕴含的巨大能量可想而知。1964 年，日本有人开发了一种波浪发电装置，主要用于解决航标灯的电源问题，后经改良，在世界各地尤其是濒海国家和地区大量销售。目前，许多著名港口的航标灯即采用这种装置供电。估计这仅仅是人们利用波浪能的开端。

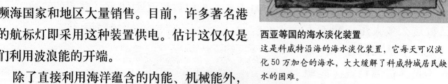

西亚等国的海水淡化装置

这是科威特沿海的海水淡化装置，它每天可以淡化 50 万加仑的海水，大大缓解了科威特城居民缺水的困难。

除了直接利用海洋蕴含的内能、机械能外，人类还要通过海洋解决一个关乎生死存亡的大问题——淡水问题。

尽管地球的 71% 为水所覆盖，但 97.2% 的是苦涩的海水，淡水多集中在两极冰川。实际上可供人类直接利用的淡水仅占全球淡水

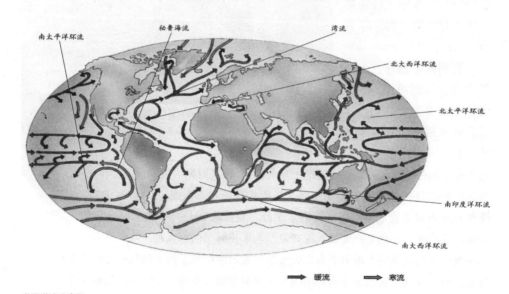

世界洋流分布图

广阔海洋中的洋流也蕴藏着巨大的能量。合理开发利用洋流不失为一种解决能源危机的好办法。

海洋资源概览

据科学测定：海洋蕴藏着巨大的能源和矿物资源。海洋的波浪、潮汐能等再生能源理论储量不低于 1.5×10^{11} 千瓦，其中可直接开发利用的也可达到 7×10^9 千瓦，比世界当前发电总量的 10 倍还要多。除此之外，海洋蕴藏的矿物也多得令人咋舌，其中镍为 1.64×10^{10} 吨，钴有 5.8×10^4 吨，锰超过 2×10^{11} 吨，铜也有 8×10^9 吨。这些储量相当于陆地上的 40 ～ 1000 倍。

的 0.34%，约为 3.5×10^8 立方米。水是生命之源，60 亿人口只有这么一点点淡水，显然太少了，怎么办？人类再次向海洋伸出了求援之手。

目前，一些国家采用蒸馏法、电渗析法淡化海水已初显成效。截至 1980 年 6 月，世界上运行的淡水装置已达 956 套，日造淡水 5.52×10^6 吨。意大利已建成日产淡水 36000 吨的单机设备。电渗析法主要依靠膜分离技术，也已经比较成熟，但造水能力有待进一步提高，目前电渗析法造水仅占总造水能力的 3.7%。其中美国的 Boby 公司在利比亚班加西地区的苦咸水淡化厂日产淡水 19200 吨，是现在世界上规模最大的电渗析淡化水厂。

总之，无论是开发海底的石油、天然气资源，还是充分利用海洋的潮汐、波浪、海水温差等能量，以及淡化海水都离不开海洋科学

福建沿海海洋利用图
我国有漫长的海岸线，对海洋能源的利用还处于研发阶段。在我国福建沿海已建立了许多研究利用海洋能的装置。

技术的发展和进步。加之海洋能源密度相对较低，实施条件极为复杂多变，这就对海洋学的研究者提出了更高的要求。

海洋能源储量大，污染小，又是再生能源，因而其前景十分光明。科学家预计，21 世纪注定是海洋的世纪，蔚蓝色的世纪。

神通广大的
Omnipotent computers
计算机

电子计算机是 20 世纪人类最伟大的发明之一，它的出现改变了整个世界的面貌。

帕斯卡计算器复原模型
法国人帕斯卡在 17 世纪设计的计算机是世界上最早的可用于计算的一种机器，但它还不是真正意义上的计算机，只能说是一种计算器。

在真正的计算机诞生以前，人们很早就制造出一些计算工具，并不断地加以改进。我国早在春秋时期就出现"算筹"，到唐代又有了算盘，使计算的效率大为提高。近代西方则出现了较为系统的计算机械。如 1642 年法国人帕斯卡发明机械式 8 位加法器，莱布尼茨最早提出二进制法则，并于 1671 年研制出可做四则运算的运算器。1822 年，英国人巴贝吉制成"差分机"，可以用来计算多项式。1888 年，美国人霍勒里斯研发出更为先进的数据处理机，该机械 1890 年被用于美国人口普查，第一次显示了计算机的高效率。从此，计算机的发展进入快车道，每隔几年就有一种新的计算机器问世。

进入 20 世纪 40 年代以来，人们已探索使用电器元件制造计算机。同时，英国人弗莱明发明的电子管和美国人德福雷斯特发明的真空三极管也为电子计算机的发明准备了必要的物质条件。

在电子计算机出现的基础技术、物质条件都已具备的时候，第二次世界大战又对计算提出了更高的准确度和速度的要求。这使得电子计算机的发明成为必然。

1942 年 8 月，专门负责为美国陆军提供准确数据的阿伯丁弹道实验室会同宾夕法尼亚大学莫尔学院电工系，提出了电子计算机的设计方案——《高速电子管计算装置的使用》，简称ENIAC。这项伟大的工程由年轻的埃克持领导，经过20次挫折与失败，历时数年，耗资50万美元，终于在1945年底宣告竣工。1946年2月15日，人类第一台真正的电子计算机(ENIAC)举行正式揭幕典礼。呱呱坠地的ENIAC是一个庞然大物。它居然占据6个厂房，体重超过30吨，但脑子反应并不算快（每秒运算5000次），稳定性也不济。但相对于过去的计算机，ENIAC取得了很大的进步，可以说开创了一个新的时代。

　　第一台电子计算机诞生后，以强大的生命力迅速发展。依据计算机硬件的逻辑单元的不同，在短短的几十年里，经历了电子管、晶体管、中小规模集成电路、大规模、超大规模集成电路等发展阶段。

　　第一代计算机(1946～1957)，基本线路采用电子管结构，程序主要用机器代码和汇编语言。它主要用于科学计算。第二代计算机(1958～1964)，采用分立元件晶体管，减小了机器的体积和能耗，使在飞机上安装计算机成为可能。很快，计算机发展到了第三代，即集成电路、大规模集成电路计算机。这时的计算机已开始使用半导体存储器，性能更为优良，在60年代的美、苏争霸赛中派上用场。新式武器、航空航天技术等都需要先进的计算机控制。与此同时，IBM公司意识到计算机在商业领域的巨大潜力，投入巨资设厂生产出IBM360集成电路系列机。从1970年开始，计算机进入第四代，在器件方面，使用大规模、超大规模集成电路。它同时向两个方面迈进：其一，规模进一步扩大，形成阵列式计算机；其二，发展超小型计算机，计算机技术充分

巴贝吉设计的差分机
这是英国人巴贝吉在19世纪设计的"差分机"，它实际上也是一种相对复杂一些的计算器而已。与真正意义上的计算机还有很大差距。

现在计算机已成为人类工作生活中最有效的助手

随着科技的进步和计算机的普及，它已经成为人们工作和学习的重要助手，尤其是在航空航天、天气预报、可控核聚变、可控核裂变等领域都离不开计算机。

光计算机

从真正的计算机诞生之日起，"电子计算机"（或电脑）的称谓一直沿用至今，是因为过去和现在的计算机无论落后还是先进，都是以电子来传递信息。鉴于光子的传播速度（30万千米／秒）是电子速度的300倍，科学家近年来着手研制光计算机。这种计算机以光子代替电子，利用光信号进行计算、传输、存储以及信息处理。与电子计算机相比，光子计算机有许多优势：如光子传播速度快、精度高、抗干扰力强，成千上万条光线可同时穿越同一光子元件，各行其道，互不干扰。

这一领域的研究，欧盟和美国走在前列，现在光计算机的关键技术已颇为成熟，相信光计算机投入使用为期不会很远。

发展，大大减轻了人脑的劳动强度。电子计算机广泛应用于生产、生活的各个领域。

1976年，美国科学家用计算机证明了困扰数学界百余年的四色定理。随后，人们又开发出下棋系统、自然语言理解和翻译系统、机器人控制系统等针对各种问题的专家系统。进入80年代以后，精确制导导弹、飞机、舰船等复杂系统，如果离开计算机简直寸步难行。在农业、工业、商业和社会管理等领域，电子计算机也发挥着越来越重要的作用。之后，计算机又进入人们的办公室和家庭生活，给人们的工作和生活带来了很多方便。

90年代后，随着多媒体技术、互联网的出现和发展，计算机把整个世界缩小成了"地球村"，一场新的信息科技革命正在蓬勃展开。电子计算机必将更加深刻地影响人类的历史进程。

扫码获取更多资源

多莉羊和
Dolly and technology of clone
克隆技术

　　"克隆"是英文 clone 一词的音译，原意为通过体细胞进行无性生殖，从而使后代个体的基因型与母体完全相同。

　　这一技术名称先是出现在科幻小说中，如《侏罗纪公园》就叙述了一些思想单纯的科学家被不法商人所利用，克隆出 7000 万年的恐龙的故事。不过这种科学幻想在 1997 年真的变成了现实。

　　1997 年 2 月 27 日，英国相当权威的科学杂志《自然》刊登了一篇震惊世界的论文。该文称人类首次使用"克隆"技术，成功地复制了一只绵羊，并取名为多莉。原来该项目是由伊恩·威尔莫特和基思·坎贝尔领导下的罗斯林研究所完成的。威尔莫特等人先利用化学制剂促使一只成年母羊排卵，之后将该卵子小心取出放入一个极细的与羊体同温的试管，再用特制的注射器刺破卵膜，吸出其中的染色体物质。这时原来的卵原细胞仅剩一个空壳。

接下来他们又从另外一只 6 岁母羊的乳腺中取出一个细胞，并抽去细胞核，然后将其与先前的空壳卵原细胞融合，生成新的卵细胞。最后，工作人员对这一新细胞进行间断的电击。奇妙的事情终于发生了，这一细胞竟以来自乳腺细胞的遗传物质作为基础，开始分裂、繁殖、形成胚胎。威尔莫特和坎贝尔在对胚胎培育一段时间后，将其移植到第三只成年母羊的子宫内。5 个

第一只用"克隆"技术繁育出的多莉羊

月之后，这头绵羊生下了一个由体细胞合成胚胎发育成的小羊羔。

　　小家伙生下来时白白胖胖，一身卷毛，煞是可人。它在出生后 7 个月体重就超过 40 公斤，而且活泼好动，威尔莫特以乡村哥手多莉·帕帕的名字为之命名。

　　多莉的诞生，一时间成了世界关注的焦点。关于克隆技术的争论也随之

B羊　提供未受精卵细胞　　　　　A羊　提供体细胞核

卵细胞

体细胞

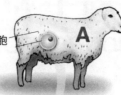

取出B羊的卵细胞　　把分离出的体细胞核　　取出A羊的体细胞
　　　　　　　　　移入去核卵细胞中

将未受精卵的　　　　　　　　　　　从体细胞中分
细胞核去掉　　　　　　　　　　　　离出细胞核

把分离出的体细胞核移入
去核卵细胞中

将分裂到一定阶段的胚胎植入代理
母亲体内发育

多莉是世界上第一只由成
年动物体细胞培育出的哺
乳动物。它的出生，标志
着人类的生物技术，又迈
进了一个新的里程。

C羊　代理母亲　　　　　　多莉诞生了

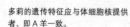

多莉的遗传特征应与体细胞核提供
者、即A羊一致。

而来。从生物学的角度来讲，绵羊和人同属于哺乳动物。克隆羊成功了，那么克隆人也就不远了。但我们是不是要克隆人呢？答案出现分歧。

多数人认为不要。这些人的论据是克隆人的出现违背了自然常理，会形成对旧有社会道德、伦理关系的冲击，甚至使之崩溃。他们举例说，父亲的体细胞核可以与女儿的去核卵组合形成新的卵细胞并在女儿的子宫着床发育，最终生出翻版的"父亲"。这显然有悖人伦。而反对者则强调，即便是没有克隆技术，乱伦事件也没有杜绝。该技术出现以后，这类事情完全可以由道德和法律去约束。

伦理问题还没有解决，生育模式的问题又出来了。克隆技术完全可以打破传统的生育模式（即精子和卵子相配形成受精卵），它只需要体细胞和卵细胞浆。照此推理，单身女子或女同性恋者也可实现名正言顺的生育。有人认为这会带来一系列社会问题，而有人则说这是人权的进步。孰是孰非，至今也不见个分晓。

除了以上谈到的两个问题，还有一个更棘手的难题：即人权罪恶、历史罪恶问题。身体安全不受侵犯是最基本的人权。而一些人在克隆人还没有出现就开始计划把他们作为人体器官的供应者应用于医疗领域。克隆人也是人类的一员，这样做显然是对人权最严重的亵渎和践踏。至于历史罪恶，则指别有用心的人恶意克隆历史上的罪人，如希特勒、东条英机等，以使他们再度为恶人间。但这种想法变成现实的概率很小，因为一个人的思想、能力、所作所为是要受到历史条件制约的，单纯生物个体的复制不会达到复制历史的目的。

也有人十分憧憬克隆人的出现。比如不能结婚生育的人要求克隆自己，一对不能再生的夫妇要求克隆他们夭折的孩子，还有家人要求克隆被突发性事故或灾难夺去生命的亲人。这些要求看起来都是合理的。某些科学家也表示，坚决要克隆人。

笔者认为，克隆技术究竟给人类带来灾难抑或幸福，不是该技术所决定的。科学技术本身是中性的，关键在于人类如何去利用它。

转基因技术

转基因技术又称为重组DNA技术，即将不同种生物携带的遗传物质进行重新组合，进而培育出新的生物种类。目前，人们已经能够用微生物将固氮基因转移到谷物等非豆科植物中去，以期产生更为优良的作物品种。这尚且还可以理解。但有人妄图通过转基因技术打破人和动物之间的界限，制造出生理上的"狼人"、"猪人"等，就显得离经叛道。另外，科学家在实验室中把高等生物的遗传物质同细菌的遗传物质结合，造出自然界原本不存在的"杂种生物"，是否会具有某种致病性也值得考虑。21世纪，生物科技有着更为广阔的发展空间，但任何人都不应只凭个人兴趣或猎奇心理来进行科学探索，而要以全人类的幸福与进步为底线。

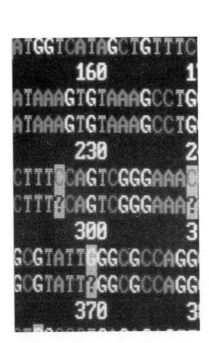

碱基序列

从 20 世纪 80 年代，人们开始用机器解读 DNA 上的碱基序列。

DNA 的作用

1953 年，人们发现了 DNA 的结构模型，揭开基因的物质基础，这一发现是 20 世纪最伟大的发现之一。在此以前，人们只知道 DNA 含有核糖、磷酸和 4 种碱基。但是，科学家不知道这些物质是如何组成在一个 DNA 分子中的。DNA 分子的结构一定能代表某种遗传信息，因此它的结构一定是能够复制的，沃森和克拉克提出的双螺旋结构就符合这两个标准。